炮射箔条干扰弹技术

童继进　胡生亮　刘志坤　邢存震
赵世雷　王　虎　夏清涛　著

電子工業出版社
Publishing House of Electronics Industry
北京 · BEIJING

内 容 简 介

炮射箔条干扰弹是以中大口径舰炮作为投射器，以弹丸作为箔条运载体，对来袭目标实施无源干扰的一种干扰型信息化弹药。本书总结了作者在炮射箔条干扰弹技术领域多年研究成果。第1章介绍了舰载远程无源干扰装备和炮射箔条干扰弹的研究现状；第2章介绍了炮射箔条干扰弹的设计思想和设计方案；第3章介绍了炮射箔条干扰弹的抗高过载技术；第4章介绍了炮射箔条干扰弹箔条抛撒技术和RCS预估方法；第5章介绍了炮射箔条干扰弹的使用方法。

本书主要读者为从事舰炮弹药、电子对抗等相关研究的科研、教学人员，也可作为高等院校相关专业本科生和研究生学习的参考书。

图书在版编目（CIP）数据

炮射箔条干扰弹技术 / 童继进等著 . —北京：电子工业出版社，2021. 4
ISBN 978-7-121-40862-5

Ⅰ. ①炮… Ⅱ. ①童… Ⅲ. ①箔条弹 Ⅳ. ①TJ41

中国版本图书馆 CIP 数据核字（2021）第 053942 号

责任编辑：张正梅
特约编辑：白天明
印　　刷：北京虎彩文化传播有限公司
装　　订：北京虎彩文化传播有限公司
出版发行：电子工业出版社
　　　　　北京市海淀区万寿路 173 信箱　邮编　100036
开　　本：787 × 1092　1/16　印张：8. 5　字数：162 千字
版　　次：2021 年 4 月第 1 版
印　　次：2021 年 4 月第 1 次印刷
定　　价：78. 00 元

前　言

舰炮作为传统海战装备至今已使用十几个世纪，共经历了3个发展阶段，其技术已相当成熟。当代中大口径舰炮普遍具有持续作战能力强、反应时间短、作战范围大、发射率较高等特点，然而，随着导弹技术的发展，中大口径舰炮在反导作战中的作战能力比较有限。近年来，为充分挖掘中大口径舰炮的作战潜力，拓展传统中大口径舰炮的作战领域，各国海军弹药的发展重点均逐渐从常规弹药转向信息化弹药，相关的各种新原理、新功能的信息化弹药也越来越多。

炮射箔条干扰弹是干扰型信息化弹药的一种，它将舰炮发射技术、弹药技术和箔条干扰技术有机结合，实现箔条中远距离投放，以完成对敌方雷达或导弹实施无源干扰。这种弹既实现了箔条干扰的既有功能，又充分发挥了中大口径舰炮的优点，具有可共用发射平台、射程远且可控、反应速度快、布放精度高、使用灵活、可持续布放等优点，具有较为广阔的应用前景。

本书是作者团队多年来在炮射箔条干扰弹技术领域研究成果的总结，较为系统全面地介绍了炮射箔条干扰弹的设计思想、设计方案、关键技术和作战使用方法，可作为从事舰炮弹药、电子对抗等相关研究的科研、教学人员的参考书，也可作为高等院校相关专业本科生和研究生的教材。

本书由童继进同志统稿，胡生亮教授为本书确定了总体纲目和内容规划，邢存震、赵世雷、王虎高工和刘志坤、夏清涛讲师参与了本书部分内容的撰写。王涛力工程师为本书做了大量的插图绘制工作。

对炮射箔条干扰弹技术的研究是一项探索性工作，由于时间和水平有限，书中难免有不当和错误之处，敬请读者批评指正。

作　者

2020年11月

目 录

第 1 章

炮射箔条干扰弹概论

1.1 引　　言

在现代海战中，水面舰艇面临的最大威胁是来自敌方空中、水面和水下多种作战平台发射的各型反舰导弹的攻击，如何提高反导对抗水平，以提高水面舰艇的生存率，是水面舰艇防御作战的重要使命。

当代水面舰艇抗击导弹主要采用软硬杀伤武器一体化、多层次、多阶段的对抗方式。硬杀伤武器方面主要依靠舰载防空导弹和近程反导小口径舰炮武器系统等，通过摧毁来袭导弹或导弹发射平台的方式实现舰艇自我防御。软杀伤武器方面主要是舰载电子战设备，包括箔条等无源干扰设备和舰载干扰机等有源干扰设备两大类，通过干扰导弹弹载雷达或导弹发射平台雷达的方式，降低敌导弹发现、捕获和命中舰艇的概率，以实现对水面舰艇的保护。通过分析近 30 年来的几场高科技局部战争可知，软杀伤武器的使用效果逐渐显现，因此越来越受到各国军队的重视。同时，由于反舰导弹射程的增大、攻击速度的提高及末端抗干扰手段的日益完善，水面舰艇传统意义上的近程软硬对抗手段的使用环境越来越恶劣，有效使用空间越来越小，因此，中远程对抗手段就显得越发重要。

通过向空中预定位置投送箔条块形成箔条云对雷达电磁波产生辐射、散射和反射等效果，以达到干扰雷达的目的，可以说箔条是雷达无源干扰技术中应用最早且效果最好的干扰器材，属于软杀伤。从第二次世界大战开始，经过 80 多年的研究和发展，箔条干扰在多次战争中得到检验，已成为电子对抗的重要手段之一。虽然当代雷达技术大幅提升，但箔条干扰技术仍然是对付雷达的有效手段之一。即使先进的武器装备最终可能识别出箔条，但其效能仍会由于箔条的作用而降低。近年来，箔条的应用越来越广，作战使用的样式也在不断改进，而且几乎以每年都有一种新型箔条投放器投入使用的速度发展着。目前，常规舰载箔条弹以近程为主，主要用于末端防御，而且打完后重新填装速度慢，当面临导弹超视距饱和攻击时，不能达到舰艇自我防御作战的要求。因远程无源干扰装备具有作用距离远、发射时机不受对方限制、使用灵活、价格便宜等优点，已被各国海军列为研究和发展的重点。

在现代海战中，中大口径舰炮的主要作战使命是进行海上歼灭战、杀伤摧毁岸上目标，同时兼顾防空自卫。然而，中大口径舰炮主要通过弹丸直接命中或近炸破片对来袭目标实施硬打击，使用传统的“铁壳 + 炸药”弹药作战时，由于弹丸破坏半径小和射击精度不够高，在抗击体积小、速度大、机动性强的反舰导弹时，作战能力比较有限。

为充分挖掘中大口径舰炮的作战潜力，拓展传统中大口径舰炮的作战领域，近年来，各国海军弹药发展的重点逐渐从常规弹药转向信息化弹药，各种新原理、新功能的信息化弹药层出不穷。各国海军中大型水面作战舰艇一般都装备有中大口径舰炮，因此，如何借助舰炮现有的解算、发射、控制、装填等成熟技术，对弹药进行创新，具有重要的军事意义。

炮射箔条干扰弹以中大口径舰炮作为投射器，以弹丸作为箔条的运载体，通过弹丸在外弹道点开舱撒箔条云的方式实现对来袭目标的无源干扰，属于信息干扰型信息化弹药。炮射箔条干扰弹技术是通过集成创新的形式，融合了中大口径舰炮发射技术、弹药技术和箔条干扰技术等多项技术，既可在不增加发射装置的情况下为水面舰艇增加一种目前急需却又相对缺乏的中远程无源对抗手段，又可挖掘中大口径舰炮的作战潜力，拓展传统中大口径舰炮的作战领域，从而提升舰载武器系统的整体作战能力，具有较为广阔的应用前景。

1.2 舰载远程无源干扰装备研究现状

随着导弹技术的发展，作为水面舰艇反导电子战重要手段的舰载无源干扰，若仅停留在单舰、近距离有限自卫的水平上，则难以适应现代海战的需要。20世纪70年代以来，远程无源干扰装备因具有作用距离远、发射时机不受对方限制、使用灵活、价格便宜等优点，已成为各国海军研究和发展的重点。国外许多水面舰艇都装备了具有远程干扰能力的无源干扰设备，其中远程箔条无源干扰弹是最重要的组成部分。下面主要从远程无源干扰装备和舰载远程无源干扰作战使用两个方面做简要介绍。

1.2.1　远程无源干扰装备

目前，国外具有远程干扰能力的舰载无源装备主要有以下几种：

（1）法国的“萨盖”诱饵系统。“萨盖”诱饵系统是一种保护中大型水面舰艇免遭反舰导弹攻击的全自动远程无源干扰系统，由火箭发射，每个发射器装弹 10 发，其射程 3 ~ 8km，平均飞行速度 250m/s ，用于实施中远距离的冲淡式干扰和迷惑式干扰。该系统还可支援“达盖”系统，使“达盖”系统最大限度地发挥冲淡干扰或质心干扰的作用。

（2）英法联合研制的“女巫”诱饵系统。“女巫”系统由火箭发射，发射器有 4 管和 12 管两种，最大射程达 8.5km，系统配备以下几种实战干扰弹：箔条干扰弹、热气球诱饵弹、电磁/红外混合弹、反辐射导弹诱饵、投掷式有源干扰机、吸收型诱饵弹等。该系统适装于各种吨位舰艇，可在各种恶劣气象条件下使用。

（3）意大利“撕拉科尔 2”系统。“撕拉科尔 2”系统是一种多用途舰的用干扰系统，发射器由 20 个不锈钢管构成，可以发射箔条干扰火箭、红外诱饵和照明弹等，根据不同的战术要求和作战使命，采用不同类型的弹种。其配备的 105MR_C 中程和 105LR_C 远程箔条火箭，可对敌方雷达及导弹实施迷惑式或冲淡式干扰。

（4）以色列“德西弗”系统。“德西弗”系统将固定的和快速转动的火箭弹发射架组合在一起，控制 6 种类型的电子战箔条和红外火箭弹。其中，LRCR 是一种远程战术混淆箔条火箭，最大射程达 12km，用以对付舰载和机载搜索、目标瞄准和导弹雷达；MRCR 是一种中程分心箔条火箭，射程 1 ~ 1.5km，用以对付目标锁定前的雷达末制导反舰导弹。

（5）俄罗斯“ПК－2М”诱饵系统。“ПК－2М”诱饵系统的干扰样式是混淆和分心/冲淡，由火箭助推发射。发射架有两个发射管，可从甲板下自动垂直装弹，干扰弹有效射程 10km 以上。该系统早期是大型驱逐舰级以上舰艇用的标准无源干扰设备，目前装备在护卫舰等中型舰艇上。

国外远程无源干扰装备具有以下特点：

（1）均采用火箭发射，发射器管数较多。如“萨盖”诱饵系统有 10 管发射器，“女巫”诱饵系统为4管和12管两种，“撕拉科尔2”系统则为20管发射器。

（2）射程远，一般射程都在4km以上。如“德西弗”系统的LRCR远程战术混淆箔条火箭和“撕拉科尔2”系统的105LR_C远程箔条火箭，最大射程都达到了12km。

（3）同时配备多种射程、多种类型的干扰弹。如“德西弗”系统配备有远、中、近3种距离6类干扰火箭，“女巫”诱饵系统有6种用于实战的干扰弹。

（4）弹体粗长，弹重大。远程无源干扰装备弹体长度大多超过1000mm，弹径在100mm以上，弹重则达10～50kg。

国内远程无源干扰装备的发展相对较晚，有公开报道称，国内正在发展远程舰载无源干扰装备。国内目前最典型的是引进于俄罗斯的现代级驱逐舰上装备的“ПК－2М”诱饵系统，其射程在10km以上。

1.2.2 舰载远程无源干扰装备作战使用

随着导弹技术的不断发展，多数发达国家的海军均装备了一批具有远程干扰能力的无源干扰装备，并在其作战使用方面开展了较深入的研究。由于保密原因，仅能检索到对作战模式（迷惑和诱饵欺骗）、发射方式（全自动、半自动和人工手动）、发射原则（侦察、威胁告警、发射）等原则性的使用方法介绍，对于具体的作战使用背景、战术应用、效能评估等核心内容，公开文献则很少涉及。

国内在舰载远程无源干扰作战使用方面的研究相对来说起步较晚，早期对电子对抗无源干扰的研究主要集中在近距离尤其是导弹末端防御的作战应用上，对远程无源干扰的作战使用方面研究相对偏少。近年来，国内开展的对远程无源干扰的研究逐渐受到重视，逐渐取得了一定的研究成果。

1.3 炮射箔条干扰弹研究现状

从20世纪70年代开始，越来越多的国家开展信息化弹药的研究，信息化弹药技术得到了长足的发展，目前已有多种类型的信息化弹药装备到部队。根据信息化弹药与信息的关系，可将信息化弹药分为3种类型：①信息获取型弹药，如侦察炮弹、评估炮弹等；②信息利用型弹药，如制导炮弹、末敏弹、弹道修正弹等；③信息干扰型弹药，如炮射箔条干扰弹、通信干扰弹、诱饵弹等。

炮射箔条干扰弹是干扰型信息化弹药的一种，它将舰炮发射技术、弹药技术和箔条干扰技术有机结合，实现箔条的中远距离投放，对敌方雷达或导弹实施无源干扰。下面主要从炮射箔条干扰弹装备和炮射箔条干扰弹的战术使用两方面简要介绍国内外研究现状。

1.3.1　炮射箔条干扰弹装备研究

国外对炮射箔条干扰弹装备研究较早，但详细的公开报道不多。目前从公开文献可查到以下3型炮射箔条干扰弹已装备部队：

（1）英国皇家兵工厂研制并生产的RE－N3式114mm炮射箔条干扰弹。该弹为定装式炮弹，利用英军MK8型舰炮发射，初速870m/s，最大射程22km，弹体由优质钢制成，弹内装有箔条，抛撒机构控制开舱，到预定目标上空后从弹体内抛出箔条干扰物，起到对敌方雷达及导弹的干扰作用。

（2）日本的127mm炮射箔条干扰弹。该弹利用127mm“奥托·布雷达”舰炮发射，可实现对E/F波段和I/J波段雷达的干扰。“奥托”127/54和127/64为奥托·梅莱拉公司生产的速射型舰炮，普通弹药的最大射程23km左右，射速30～40发/min，弹仓配有多个弹鼓，待发弹药超过50发，且可同时选装不同弹药。日本八八舰队的驱逐舰和护卫舰上装备有该舰炮。

（3）南非的155mm炮射箔条干扰弹。该弹利用155mm口径火炮发射，为增加射程，弹丸采用外形加大细长比的“枣核”形状的远程全膛弹，明显改善了弹丸的空气动力特性，使射程增加，但射击精度略有所下降；弹内装13个箔条块，有效载荷总重约3.5kg，该弹发射后在敌方上空开舱抛射箔条块，散开后形成稳定箔条云，以实施对敌方雷达的无源干扰，影响其正常工作。

国内对炮射箔条干扰弹的研究起步较晚，但开展了相关技术研究，公开报道显示，陆军有成熟的炮射箔条干扰弹装备部队，海军亦在某次训练中使用主炮发射了炮射箔条干扰弹。

1.3.2　炮射箔条干扰弹的战术使用

国外对炮射箔条干扰弹战术使用方面很少公开报道，仅在英阿“马岛海战”

的战例分析中提到“英军通过 MK8 型舰炮发射炮射箔条干扰弹形式在远距离投放箔条，发挥了相当出色的作用”，只说明其作战效果，但具体使用背景、作战对象、战术和技术手段等均未提及。

国内公开发表的文章对我国陆军炮射箔条干扰弹的干扰原理和射击指挥方法做了介绍。但陆上环境和海上环境有较大区别，舰载中大口径炮射箔条干扰弹的使命任务、作战样式及战术背景与陆上使用也有较大区别，因此需开展专门研究。

第 2 章

炮射箔条干扰弹系统设计

炮射箔条干扰弹是以舰炮为投射器，以弹丸为运载体，完成箔条的中远距离投送，以实现对导弹末制导雷达或平台雷达干扰的一种信息化弹药。该弹将在现役舰炮上使用，因此需满足现役舰炮发射系统、扬供输系统和火控系统的使用要求。为使读者更好地了解炮射箔条干扰弹的工作原理，本章从炮射箔条干扰弹的系统设计思想、总体方案设计思路和具体方案设计方法 3 个方面进行介绍，并对验证方案可行性试验方法和试验过程进行简要介绍。

2.1 炮射箔条干扰弹系统设计思想

2.1.1 炮射箔条干扰弹设计思想

炮射箔条干扰弹集成舰炮发射、弹药制造和箔条干扰等多种技术，是一种以舰炮为投射器，以弹丸为箔条（核心载荷）运载体，实现箔条的中远程、快速、精确投送，利用所形成的箔条云对敌方来袭导弹末制导雷达或平台雷达实施无源干扰，从而保护己方舰艇并提高其战场生存能力的新型信息化弹药。

炮射箔条干扰弹本质上是将原制式弹的战斗部换成核心载荷（箔条），并通过加装的子母弹开舱机构实现箔条的空中开舱抛射功能。

炮射箔条干扰弹的基本工作原理：根据预警信息并结合战术要求解算炮射箔条干扰弹射击诸元，控制舰炮发射炮射箔条干扰弹；发射后，弹丸在外弹道飞行期间根据时间引信装订参数控制箔条开舱抛射点的距离和高度，到达预定点后引信动作，开舱抛射箔条；箔条被抛撒后，利用弹丸的高速旋转和弹道风使箔条快速散开并形成稳定的箔条云，对来袭目标实施箔条无源干扰。炮射箔条干扰弹的工作流程如图 2. 1 所示。

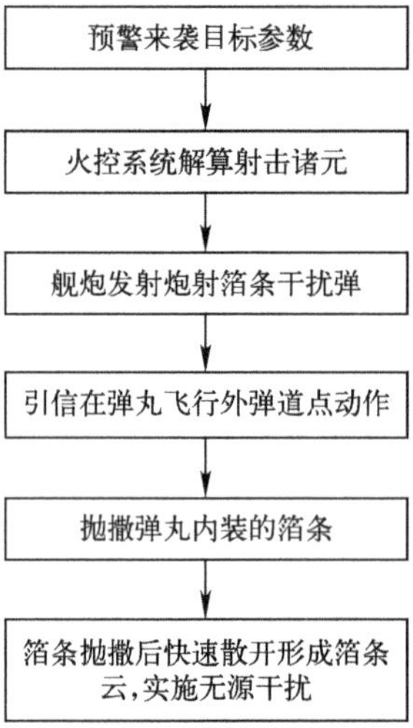

图 2. 1　炮射箔条干扰弹的工作流程

2. 1. 2　与中大口径舰炮结合的优点

炮射箔条干扰弹基于中大口径舰炮和箔条的成熟技术，通过集成创新，既实现了箔条弹原有功能，又充分发挥中大口径舰炮的优点，具有可共用发射平台、射程远、反应速度快、布放精度高、使用灵活、可持续布放等优点。

2. 1. 2. 1　共用发射平台

炮射箔条干扰弹以中大口径舰炮为投射器，以高速旋转弹丸作为箔条的运载体，在外弹道任意点开舱抛射出箔条形成稳定的箔条干扰云团，对来袭目标实施干扰。该弹与中大口径舰炮共用发射平台，可在不增加发射装置的情况下，为水面舰艇提供一种新的反导对抗手段，可有效缓减水面舰艇在面临饱和攻击时的防御压力。共用现有舰炮武器平台相比新增发射装置具有如下优势：无须考虑舰艇甲板空间受限、舰艇隐身性能下降等问题。“奥托”127mm 舰炮实装图如图 2. 2 所示。

图 2.2　“奥托”127mm 舰炮实装图

2.1.2.2　射程远，可实现箔条的中远程干扰

中大口径舰炮射程远且可控，以 54 倍口径的“奥托”127mm 舰炮为例，其最大射程为 23.68km，且可通过调整射角的方式对最大射程内任意距离的目标进行打击。炮射箔条干扰弹以中大口径舰炮为发射平台，可实现箔条的中远距离投放，有效弥补目前水面舰艇中远程反导对抗手段不足的问题。

2.1.2.3　弹丸平均速度高，中远程干扰反应时间短

中大口径舰炮弹丸初速高、末速大，相比于常规箔条干扰弹采用火箭或排炮发射来说，其平均速度高很多。以“奥托”127mm 舰炮为例，其弹丸初速为 808m/s，末速一般在 300m/s 以上。当射程为 10km 时，弹丸末速约为 330m/s，全程飞行时间不超过 20s；当射程为 6km 时，弹丸末速约为 500m/s，全程飞行时间不超过 10s；当射程为 2km 时，弹丸末速约为 700m/s，全程飞行时间不超过 3s。因此，炮射箔条干扰弹以舰炮弹丸为箔条运载体，实施箔条中远程干扰时，具有弹丸平均速度高、空中飞行时间短的优点，即从发射到在预定位置点形成稳定箔条云的反应时间短。“奥托”127mm 舰炮射程对应弹丸飞行时间如表 2.1 所示。

表 2.1 “奥托”127mm 舰炮射程对应弹丸飞行时间

序号	初速	射程	射程对应落点速度（约为）	射程对应弹丸飞行时间（不超过）
1	808m/s	10km	330m/s	20s
2		8km	400m/s	15s
3		6km	500m/s	10s
4		4km	600m/s	6s
5		2km	700m/s	3s

2.1.2.4 火控系统自动解算、布放精度高

舰炮具有高精度、快速反应的随动系统，由高低机和方向机控制舰炮瞄准目标，其中高低机用来驱动火炮发射系统的耳轴转动，使火炮在俯仰角范围内瞄准目标；方向机用来驱动火炮旋回机构在方向角范围内瞄准目标，在作战中通过方位瞄准随动系统实现全自动遥控。如图 2.3 所示，以“奥托”127mm 舰炮为例，其随动系统俯仰角最大速度 30°/s、方位角最大速度 40°/s，最小速度 0.2°/s，最大瞄准加速度 $40°/s^2$。同时，舰炮火控系统可自动引入舰艇纵横摇、航行等舰艇平台运动参数及气温、气压、风速等气象参数，精确解算出舰炮射击诸元。炮射箔条干扰弹利用舰炮的上述特点，可实现箔条云的精确、快速布放。

图 2.3 “奥托”127mm 舰炮

2.1.2.5　有效布放范围大，作战使用灵活

舰炮随动系统不仅可以调整舰炮射角以实现射程变化，可在甲板面转动，而且理论上在舰艇周围的任何方位均可射击，但考虑到舰桥等遮挡，存在安全射界问题。中大口径舰炮作为水面舰艇主战火炮，为了发挥其在作战中的作用，一般将其安装在舰艇前甲板处，且具有较大的自由射击角度范围，以“奥托”127mm 舰炮为例，其安全射界为 ±140°以上，如图 2.4 所示。因此，利用舰炮发射炮射箔条干扰弹方式布放箔条云具有有效布放范围大、作战使用灵活的优点。

图 2.4　“奥托”127mm 舰炮安全射界示意图

2.1.2.6　载弹量大、自动供弹，可连续射击实现持续布放

中大口径舰炮通过发射系统实现单发或连续射击等功能，通过弹鼓和扬供输系统实现自动供弹、更换弹种和退弹等功能，并可持续射击。以“奥托”127mm 舰炮为例，该炮四挡可调发射率分别为 40 发/min、30 发/min、20 发/min、10 发/min；配备 3 个弹鼓，每个弹鼓 22 发，最大持续射击数可达 44 发；同时在战斗间隙可通过下扬弹机从弹药舱为弹鼓及时补弹，如图 2.5 所示。炮射箔条干扰弹对现役舰炮具有良好的适应性，可直接使用舰炮供弹和发射系统，具有载弹量大、自动供弹、可连续射击实现持续布放等优点。

因此，炮射箔条干扰弹集成了中大口径舰炮和传统箔条弹的优点，既具有箔

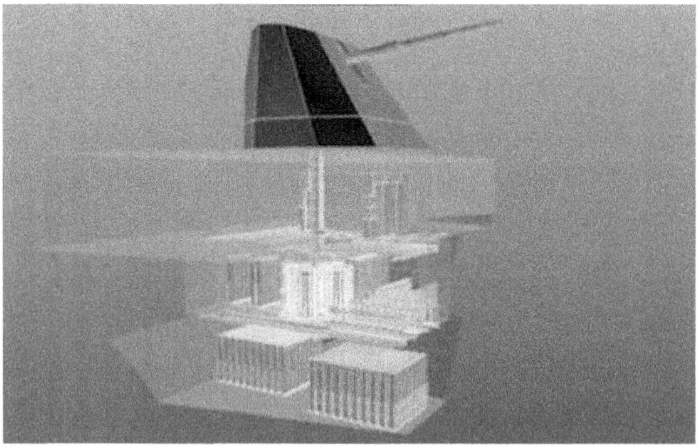

图 2.5 “奥托”127mm 舰炮供弹系统

条干扰弹所具备的廉价且有效的特点，又可利用中大口径舰炮普遍具有的持续作战能力强、反应时间短、作战范围大、发射率较高的优点，在不增加发射装置的同时为水面舰艇提供一种新的中远程箔条无源对抗手段，弥补水面舰艇中远程干扰手段不足的缺陷，还具有射程远且可控、使用灵活、反应快速、布放准确、可持续布放的优点。

2.2 炮射箔条干扰弹总体方案设计思路

由于炮射箔条干扰弹是一个新弹种，且它将直接在现役舰炮武器系统上使用，利用原有的扬供输系统、发射系统和火控解算系统，在各种约束条件下来实现设计目标，因此在设计时必须从系统的高度来检查炮射箔条干扰弹是否满足各种约束条件及其本身整体性能的问题。同时，对于炮射箔条干扰弹的性能来说，开舱后所形成箔条云干扰效果是需要考虑的最重要因素。下面从满足现役舰炮使用要求和箔条云干扰性能两方面综合考虑，介绍炮射箔条干扰弹的方案设计。

2.2.1 总体方案设计需考虑的因素

炮射箔条干扰弹是将舰炮发射技术、弹药技术和箔条干扰技术综合集成的产物，各项性能要求间存在相互影响，甚至相互矛盾的情况，这也是设计该弹时的一大缺陷。在确定中大口径炮射箔条干扰弹总体方案时，首先应当满足其战术技术要求，同时兼顾经济方面的要求。在战术技术要求中，尤以空中开舱后所形成箔条云干扰效应最为重要。

炮射箔条干扰弹属于特种辅助弹种，其设计在制式弹之后，其总体方案的确定受已有现役舰炮系统使用条件的限制，必须满足对舰炮武器系统的适应性，满足扬供输系统和发射系统的要求。同时，舰炮在发射过程中存在极大加速度过载和转速的情况，而炮射箔条干扰弹内部装填核心载荷为箔条，且内部装填零部件多，其强度难以保证得到满足，因此首先需要对其进行抗过载强度设计。

炮射箔条干扰弹的作战对象是导弹末制导雷达或平台雷达，这就要求开舱抛射后箔条云满足一定的指标要求。但由于弹丸内部空间受限，可用于装载箔条的有效空间小，从提高装填量和满足开舱抛射实现相应干扰效果要求出发，在满足弹体强度要求条件下，炮射箔条干扰弹弹丸内腔应取较大的直径尺寸；内腔的长度，根据满足箔条云干扰效果要求必须具备的功能子弹长度，以及其他辅助零部件所占空间来确定。

炮射箔条干扰弹以弹丸为运载体实现箔条的中远距离投放，这要求弹丸为子母弹结构，通过开舱机构实现箔条的空中开舱抛射，并要对子母弹开舱方式、箔条抛撒方式等进行有效设计，以提高箔条的有效利用率。而舰炮属于线膛火炮，线膛火炮发射子母弹一般选用尾抛式一次开舱结构方案，这类特种弹药结构简单，作用可靠，容易取得较好的开舱抛射效果。若采用一次开舱结构，空爆后因核心载荷系统受力大而不能满足开舱抛射性能要求时，可以考虑使用二次开舱式结构；同时，由于炮射箔条干扰弹弹丸内装核心载荷为箔条，箔条通常为极细的镀铝玻璃丝，其抗过载能力极弱，需要进行相应的保护，为了达到在高过载和高转速条件下的开舱抛射效果，应考虑采用二次开舱抛射结构。

炮射箔条干扰弹的弹体与弹底间可用细扣螺纹连接，也可以用销钉连接。由于螺纹连接方式便于通过螺纹长度控制连接强度，且通过螺纹连接密封性好，便于长期储存，故炮射箔条干扰弹考虑采用螺纹连接方式，如图2.6所示。

炮射箔条干扰弹内部装填物中的最重要部分是起到对雷达干扰效果的箔条，其余零部件都是为可靠开舱和有效抛撒箔条创造必要条件和有利条件而配置的。

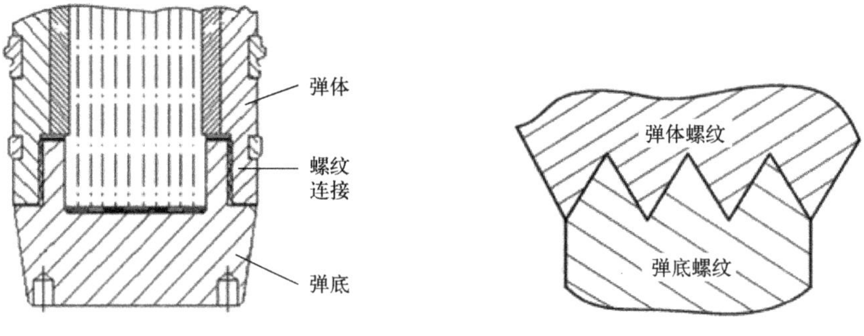

(a)弹底部分连接图　　(b)弹体和弹底螺纹旋合图

图 2.6　弹体和弹底螺纹连接结构

在内部装填结构中，一般以抛撒药盒及推板、箔条、箔条保护装置等零件构成抛射推力系统。此系统的作用在于：保证空爆开舱抛射作用过程顺利进行，并保护箔条在发射和空爆时免遭损伤。在抛射推力系统中，可直接以子弹壳壁传递抛射压力的结构，该结构形式较简单，应用较也普遍。但同时要求子弹须具有较大的壁厚和较高的强度，这样会使箔条子弹内部装载箔条的有效空间减小。由于箔条子弹壳壁厚较薄，且采用铝制材料，强度较弱，故在炮射箔条干扰弹设计时，在箔条子弹壳外围包以高强度钢制成的支撑瓦，使箔条子弹不直接承受抛射火药气体压力作用，如图 2.7 所示。

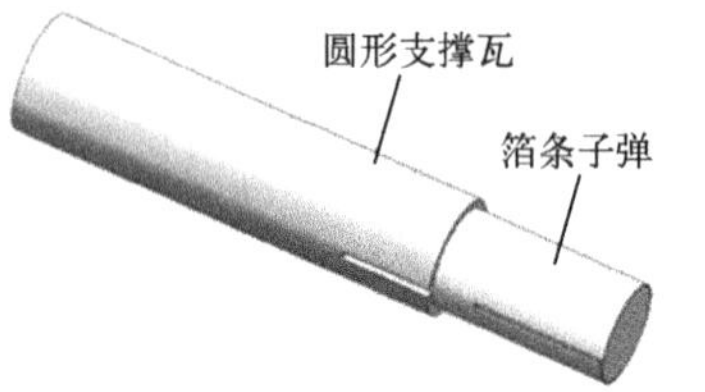

图 2.7　支撑瓦对箔条子弹起到保护作用的结构示意图

2.2.2　满足战术技术要求的措施

2.2.2.1　箔条云干扰性能

炮射箔条干扰弹的干扰性能主要取决于箔条丝的性能指标和箔条配方。常用的箔条是带状金属或涂层玻璃丝，在空中散开后形成具有散射效应的箔条云，在一定空间范围产生干扰回波，实施对敌方雷达的干扰。随着箔条材料及其工艺的提升，箔条的干扰效果有了极大的提升，现代工艺镀铝箔条丝直径最小可达10～20微米级，使同样质量的箔条所能达到的 RCS 与 1945 年相比增加了约 10 倍。与此同时，雷达技术也得到了飞速发展，使用频率越来越高，除分米、厘米波段外目前常使用的毫米波段有 8mm、3mm、2mm。但军用装备的特点要求连续覆盖相关频段，覆盖的频率很宽，加上箔条容易产生结团现象，因此超宽频带、连续覆盖、大雷达截面、扩散快等特性是箔条无源干扰技术当前研究的方向，也是现代箔条干扰弹设计时的最新要求。在炮射箔条干扰弹的设计中，应采用最新技术的箔条材料，并通过改善箔条配方实现箔条的宽频段覆盖和快速散开。

设计时，对箔条配方应当这样来选择，在箔条干扰弹容积已定的条件下，根据箔条云雷达截面积大小和干扰频段要求选择箔条配方。这样的配方可以有许多种，从中取其散开速度快、覆盖频率宽的一种作为选定配方。

炮射箔条干扰弹的干扰性能除与箔条性能和箔条配方有关外，还与箔条干扰弹结构尺寸大小有关，即箔条干扰弹容积越大，装箔条量越多，干扰效能越高。

2.2.2.2 开舱抛射箔条干扰效果

为保证开舱抛射箔条的干扰效果，需要从多方面采取综合性措施，归结起来主要有下述两方面：一是合理设计开舱机构；二是箔条的抗高过载保护。

开舱机构的合理设计，包括对母弹开舱机构和箔条二次抛撒机构结构的合理选择与制定。开舱机构应具有足够的受力强度和正常工作的能力，以满足可靠母弹开舱抛射的要求。同时，应对箔条进行有效的抗高过载保护，避免发射过程高过载影响箔条散开效果。

2.2.2.3 射程与散布精度

影响弹丸射程和散布精度的因素主要有弹形、弹重及质量偏心等。制式弹药通常会采用多种措施保证其射程和精度散布，研发设计炮射箔条干扰弹时可以参考借鉴。

一般在辅助弹药的关键性能指标与满足射程和散布精度的措施要求发生矛盾时，可从满足战技术性能要求的角度出发，对总体结构尺寸进行适当调整。炮射箔条干扰弹设计中，应尽量使弹丸外形、质量、质心和转动惯量与制式弹保持一致，确保其对现役舰炮的适应性。

2.2.2.4　射击和勤务处理安全性

为了保证炮射箔条干扰弹射击和勤务处理安全性，应对其开舱抛射药和箔条进行合理选择与保护：抛射药采取装入抛撒药盒固定的方式进行保护；箔条应具有良好的理化安定性能和一定的抗拉与抗挤压能力。

2.2.2.5　长期储存安定性

由于抛射药中含有黑药成分，而黑药比较容易吸湿变质，因此，对炮射箔条干扰弹内腔需要采取严格密封措施，才能满足长期储存的要求。炮射箔条干扰弹的弹口部位（头螺上方安装引信的部位）要用防潮塞和防潮胶圈（见图2.8）密封。防潮塞一般用优质酚醛塑料热压而成，防潮胶圈用橡胶制作而成。装配后，胶圈位于防潮塞的环形沟槽内，被压紧在弹口端面与防潮塞之间。但是酚醛塑料制作的防潮塞强度较低，脆性较大，边缘容易损坏而丧失密封效力。因此，在易受磕碰条件下使用时，可用低碳钢、铸铁或其他强度较高的材料来制作防潮塞。

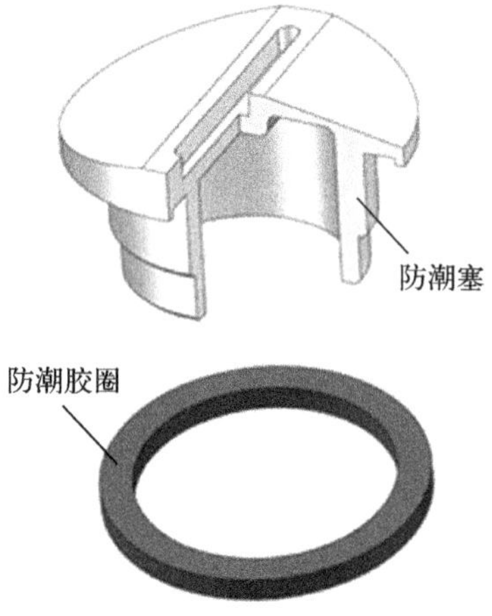

图2.8　防潮塞与防潮胶圈

炮射箔条干扰弹的弹体与弹底间的密封性可主要靠直口螺纹配合部位的紧密结合并辅以红丹油密封剂来保证，如果仍达不到密封性要求，可考虑在压合端面间垫以密封垫圈。密封垫圈用软质薄铝板或薄铜板冲制而成，厚度以0.3～0.5mm为宜。

2.2.3　弹重的确定

弹重的不同，会对炮射箔条干扰弹的内弹道及外弹道产生较大的影响。一般情况下，某一型舰炮配套制式弹的弹重，是在满足舰炮发射相关要求时，按最大射程确定的。那么，在设计新的其他辅助弹种时，首先应满足其性能要求，在此基础上在弹重这一指标方面尽可能保持与制式弹相同或相近，使新设计的辅助弹种能获得较远的射击距离。

在实际设计中，弹重往往受到性能要求及弹丸内部装填结构的限制，线膛火炮（包括舰炮）和口径较大的迫击炮的辅助弹往往为轻弹型。以国外某炮兵照明弹为例，其与榴弹的弹重量对比如表 2.2 所示。

表 2.2　榴弹和照明弹的弹重值对比

火炮类别	弹重（kg）	
	榴弹（约）	照明弹（约）
120mm 迫击炮	17	16.8
122mm 加农炮	29	28.3
127mm 舰炮	32	31

炮射箔条干扰弹利用舰炮发射，与炮兵照明弹类似，设计时其弹丸重量可适当轻于制式弹，但为了能更好地满足对现役舰炮的适应性，其弹重最好能保持与原制式弹一致。

2.2.4　引信的选择

炮射箔条干扰弹选用时间点火引信，并根据通过装订的时间参数来控制开舱时间，确保炮射箔条干扰弹在预定的距离和高度上开舱抛射箔条。引信的作用时间应满足最远与最近开舱距离的使用要求，为了保证开舱点位置（距离和高度）的精确性，引信应具有较高的计时精度。同时由于引信的研制周期长、花费高，在炮射箔条干扰弹设计时，应力求选配现有时间点火引信，仅当现有引信的外形结构尺寸或时间精度等不适合炮射箔条干扰弹的作战使用要求时，才考虑重新设计引信。

常见的时间点火引信主要有药盘时间点火引信、机械时间点火引信、电子时间点火引信3类。药盘时间点火引信因时间精度差、易产生高空熄火现象等问题，已逐渐被淘汰；机械时间点火引信和电子时间点火引信，通过钟表机构和电子元器件控制作用时间，计时精度高，是当前具有空中开舱功能辅助弹药普遍选用的时间点火引信。表2.3列举了国内外常用的时间点火引信的结构尺寸及主要性能。炮射箔条干扰弹适合配备相应的机械或电子时间点火引信。

表2.3 国内外常用的时间点火引信的结构尺寸及主要性能

序号	时间点火引信种类	计时类别	引信作用时间(s)	引信重量(kg)	主要性能						
					外形长度(mm)	最大直径(mm)	直线解脱保险系数 K_1（约）		离心解脱保险系数 K_2（约）	
							最大	最小	最大	最小
1	点火引信1	药盘	0~55	0.43	70	65	8000	1140	—	—
2	点火引信2	钟表	0~75	0.70	100	65	11000	3600	3000	1100
3	点火引信3	钟表	0~60	0.56	130	65	12000	—	5000	—
4	点火引信4	钟表	0~60	0.56	130	65	13000	—	4000	—
5	点火引信5	钟表	0~99	0.74	135	60	—	—	—	—

2.2.5 发射装药的选定

为便于弹药系列化和通用化，在满足开舱距离使用要求的条件下，辅助弹药应尽可能采用制式发射装药。

舰炮的发射装药有可变式发射装药和定装式发射装药两种形式。若采用可变式发射装药，对保证炮射箔条干扰弹的箔条抗过载及开舱点的准确控制有利，这是因为采用可变式发射装药可根据射程的要求进行装药控制，但可变式发射装药为分装式装药，操作麻烦，射速低，现在已基本不再采用。采用定装式发射装药并射击时，具有操作简单、速射性高的特点，如图2.9所示。

设计炮射箔条干扰弹时，应尽可能采用通用制式发射装药，仅当通用制式发射装药不能满足其主要性能要求时，才需要根据要求重新设计发射装药。新设计的发射装药必须满足初速、初速或然误差和膛内压力等要求，并保证射击安全，使用简便，对火炮烧蚀轻微并适于长期储存。

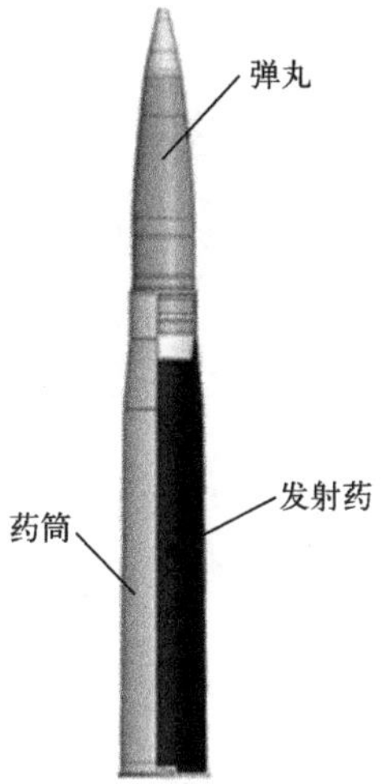

图 2. 9　采用定装式发射装药的舰炮弹药

2. 3　炮射箔条干扰弹具体方案设计方法

2. 3. 1　炮射箔条干扰弹全弹设计方案

2. 3. 1. 1　常规弹药的系统组成

一般来说，常规弹药主要由底火、发射药、药筒、弹丸和引信等部分组成。常规弹药的组成框图如图 2. 10 所示。

图 2. 10　常规弹药的组成框图

（1）底火，提供一个点火初始输入。

（2）发射药，被引燃后迅速燃烧，产生高温高压气体。

（3）药筒，积聚发射药燃烧所形成的高温高压气体，并使药筒内压力迅速增加，当增加到某一特定值时将弹丸推出。

（4）弹丸，内装战斗部，起到杀伤敌方人员、摧毁敌方装备和工事的作用。

（5）引信，达到安全距离解除保险后，按照预定的方式（碰炸、近炸、时间定时等多种方式）触发，控制弹丸起爆。

2.3.1.2 炮射箔条干扰弹全弹详细设计方案

炮射箔条干扰弹作为一种辅助信息化弹药，其本质还是弹药，主要组成部分与常规弹药相同。炮射箔条干扰弹全弹三维设计图如图2.11所示。

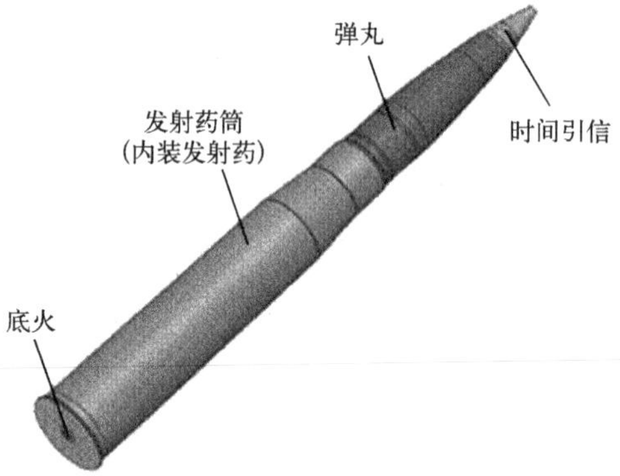

图2.11 炮射箔条干扰弹全弹三维设计图

由总体设计方案可知，为满足战术、技术要求，设计炮射箔条干扰弹时应考虑以下因素。

（1）为便于弹药系列化，在满足开舱距离使用要求的条件下，炮射箔条干扰弹尽可能采用通用制式发射装药。

（2）应力求配用现有时间点火引信，同时为保证空爆开舱距离和高度的准确性，适合配备高精度的机械或电子时间点火引信。

（3）弹丸重量应尽可能与原制式弹保持一致，以保证获得较远的射击距离，在实际工程中，由于受性能要求和装填结构所限，其弹丸重量可适当轻于制式弹。

（4）其他特殊要求。由于炮射箔条干扰弹要求在现役舰炮上直接使用，须满足现役舰炮发射系统、扬供输系统的要求，同时要求利用现有火控解算软件进行射击诸元解算，并沿用原有射表，因此炮射箔条干扰弹须满足发射内弹道和飞行外弹道与制式弹保持一致的要求。为使新弹种与原制式弹在内/外弹道上均保持一致，则需要共同具备多项条件才能实现。例如，要保持发射内弹道与原有制式弹一致性的基本要求是新弹种的质量与原制式弹相同，发射时最大膛压和压力变化情况一致；保持外弹道一致需弹丸初速一致，影响弹丸飞行外弹道的弹形系数、出口转速、质心、转动惯量等主要因素应保持一致。

根据炮射箔条干扰弹的特点和使用要求，给出炮射箔条干扰弹全弹详细设计方案如下：

炮射箔条干扰弹以中大口径舰炮的制式弹为原型，并与制式弹通用发射装药；将弹丸原先的战斗部改换成箔条干扰弹；弹丸结构上采用子母弹结构，利用开舱机构实现空中开舱并抛撒箔条；弹丸与原制式弹尽可能保持外形一致、重量一致、质心一致和转动惯量一致（简称“4 个一致”）；配备高精度的机械或电子点火时间引信。新设计的炮射箔条干扰弹组成框图如图 2. 12 所示。

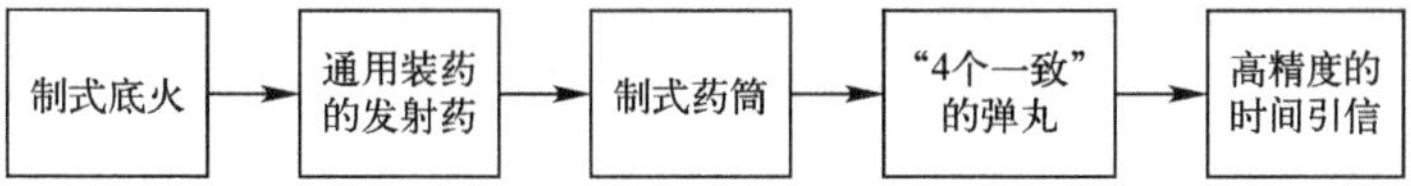

图 2. 12　新设计的炮射箔条干扰弹组成框图

由炮射箔条干扰弹全弹详细设计方案可知，弹丸的设计和引信选型是炮射箔条干扰弹设计的关键问题。而时间引信技术目前比较成熟，采用原制式弹的时间引信一般即可满足要求，因此在炮射箔条干扰弹系统设计中，弹丸的设计是重点。

2. 3. 2　炮射箔条干扰弹弹丸设计方案

2. 3. 2. 1　弹丸总体设计方案

炮射箔条干扰弹的弹丸设计是全弹设计的关键，其开舱后所形成箔条云的性能好坏将直接影响全弹的作战效能。

炮射箔条干扰弹属于特种辅助弹种，其设计在制式弹之后，其总体方案的确定受已有现役舰炮系统使用条件的限制。因此，以选定某型舰炮配备的某型号弹药的弹丸为原型，开展炮射箔条干扰弹弹丸设计。弹体采用原制式弹药弹丸改造实现，弹丸由原弹药弹丸结构改为后抛式子母弹结构；新增抛撒药盒、推板等开舱抛射机构；并去掉内部的炸药改换成装填箔条干扰子弹；加装高精度时间引信；通过开舱抛射机构在预定外弹道点开舱抛射箔条，实现对敌方雷达的干扰。根据弹丸的上述功能要求，设计的炮射箔条干扰弹弹丸具体由母弹、箔条子弹、传火机构和时间引信等部分组成。炮射箔条干扰弹弹丸结构组成示意图如图 2.13所示。

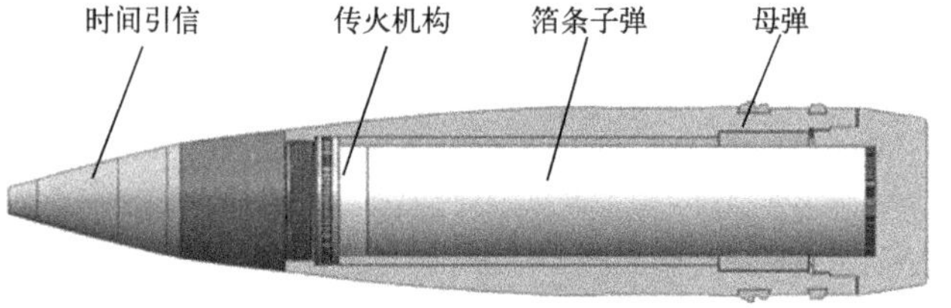

图 2.13 炮射箔条干扰弹弹丸结构组成示意图

在设计弹丸方案时，需要重点考虑抗高过载技术、子母弹开舱技术、箔条快速散开技术和通用射表 4 个方面的问题。其中抗高过载技术、子母弹开舱技术和箔条快速散开技术将在后续章节展开介绍，下面重点对通用射表问题进行讨论，而通用射表的最佳状态是实现“4 个一致”设计。

“4 个一致”设计是指炮射箔条干扰弹弹丸在外形、重量、质心、转动惯量 4 个关键参数上要与原制式弹保持一致，如此设计的优点是可较好地实现与原制式弹通用射表，以满足对现役舰炮武器系统的适应性。方法如下：

（1）外形一致。外形一致设计时，以原制式弹外形尺寸为标准，结合所选用引信的外形尺寸，设计弹体、头螺、底螺等结构尺寸，确保上述零部件组装完成后，新弹丸的外形尺寸与原制式弹外形相同，可保证弹丸弹形系数与原制式弹一致。外形一致设计相对来说比较容易实现。

（2）重量和质心一致。由于箔条密度小，且占据弹丸内部较大空间，会导致弹丸整体重量明显下降，想要保证弹丸重量一致，需要采用一定的措施，如支撑瓦采用高密度材料、增加弹底厚度、箔条子弹内部零部件采用高密度材料等，以提高全弹重量，必要时采用钨配重方式实现弹丸重量一致。而质心一致则需要通过零部件材料选择、零部件结构尺寸调整、弹丸整体结构布局优化等方式进行调整，需要时亦可通过配重方式进行调整。

（3）转动惯量一致。在实现全弹重量一致设计时，由于箔条的密度小于原战斗部装填炸药的密度，可以考虑通过增加弹底厚度的方式提高全弹重量。但通过理论计算分析可知，在弹底质量较大的情况下，会使弹丸转动惯量发生变化，要保证弹丸转动惯量一致，需要适当减轻弹丸头部质量，故在设计弹丸时头螺应采用密度较低的金属材料制作，并需要根据实际赤道转动惯量、极转动惯量参数测试结果进行优化调整。

2.3.2.2　弹丸详细设计方案

接下来，根据总体设计方案开展炮射箔条干扰弹弹丸的详细设计，包括母弹、箔条子弹等主要功能部件的详细设计和引信的选型。在设计过程中采用三维模型设计和数值仿真相结合的方法。炮射箔条干扰弹弹丸三维模型解剖图如图 2.14 所示。

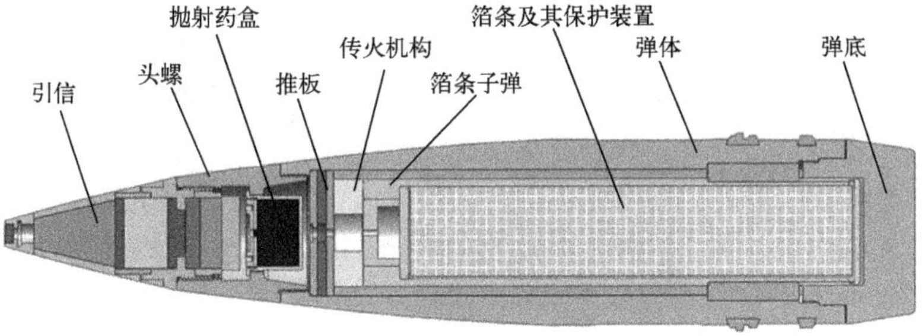

图 2.14　炮射箔条干扰弹弹丸三维模型解剖图

炮射箔条干扰弹弹丸主要功能部件的详细设计方案如下。

1. 母弹

母弹构成弹丸的外部主体，由原制式弹弹体改进设计而来，从原先的一体化成型弹体改为由弹体、头螺、底螺和内部开舱机构 4 个部分组成，完成组装后与原制式弹体外形一致，炮射箔条干扰弹母弹主要零部件三维设计图如图 2.15 所示。通俗地讲，母弹的设计思想是将原制式弹丸体的头部和底部各削去一部分，并从弹丸内部将弹壁适当削薄；被削去的弹丸头部部分用头螺替换，头螺通过螺纹与弹体连接，并在头螺内加装实现开舱功能的抛撒药盒，用作活塞式抛撒机构

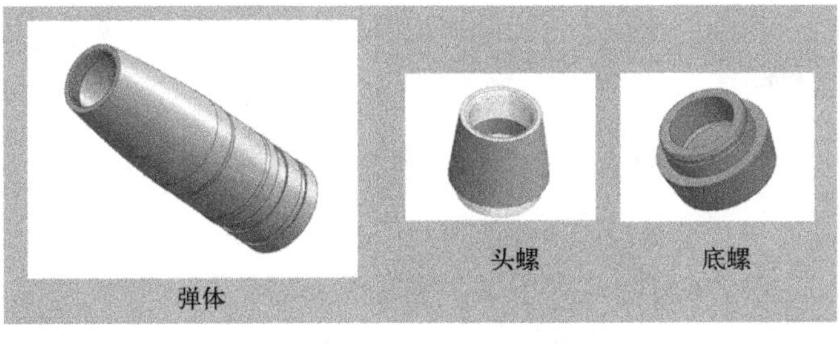

图 2.15　炮射箔条干扰弹母弹主要零部件三维设计图

的一级抛撒动力源；被削去的弹丸底部部分用底螺替换，底螺通过螺纹与母弹弹体连接，在空抛时底螺螺纹可被剪断，实现后抛式开舱；母弹壳体内部加装活塞式抛撒机构的其他零部件，如推板、支撑瓦、保护垫等；支撑瓦内部加装箔条子弹。整个母弹构成一个活塞式抛撒机构，用于实现弹丸开舱并抛射箔条子弹。

2. 箔条子弹

箔条子弹是炮射箔条干扰弹弹丸的核心部件，其外形为长圆柱形，其长度和直径由弹丸内部空间而定，由抛撒药盒、箔条子弹筒和箔条组成，炮射箔条干扰弹的箔条子弹三维模型如图 2. 16 所示。本书给出一种常见的子弹二级开仓结构，基本设计思想为：箔条子弹筒可考虑选用铝制或钢制材质制作，其顶部设置有内凹的短圆柱体，二级抛撒药盒固定于短圆柱体内；二级抛撒药盒为箔条子弹二次开舱抛射的动力源；箔条放置于箔条子弹筒的内部，箔条采用分组保护的方式装配，能很好地起到对箔条的抗过载保护作用。箔条子弹整体作为第二级抛撒机构，用于实现箔条子弹开舱并抛撒箔条。

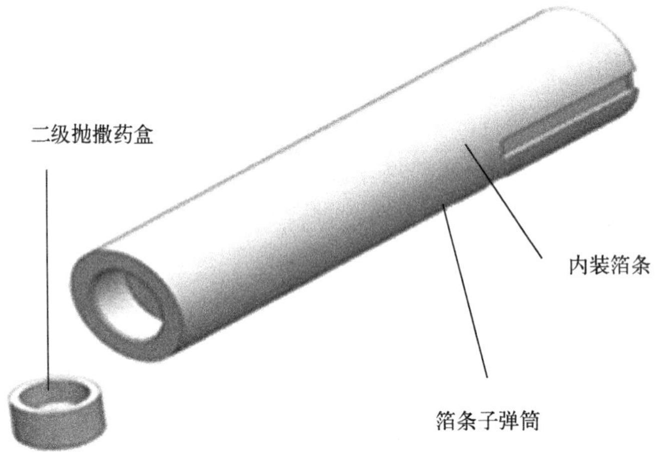

图 2. 16　炮射箔条干扰弹的箔条子弹三维模型

3. 引信

引信选用高精度的时间点火引信，它由引信体、发火控制系统、安全系统、传爆序列、能源等组成，用于控制炮射箔条干扰弹的开舱距离和高度。炮射箔条干扰弹的时间点火引信的三维模型解剖图如图 2. 17 所示。

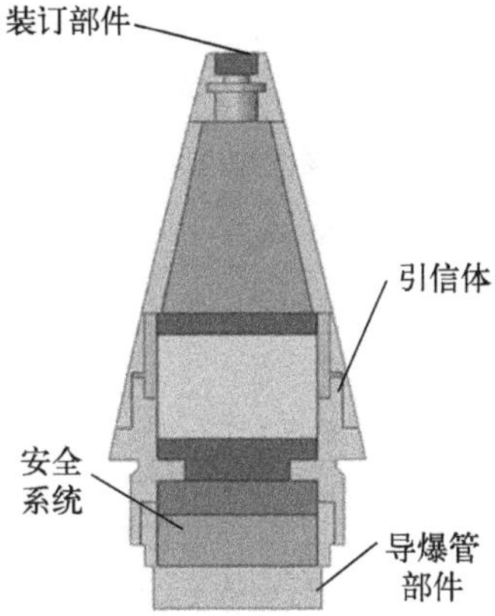

图 2. 17　炮射箔条干扰弹的时间点火引信的三维模型解剖图

2.4　炮射箔条干扰弹外弹道摸底试验

炮射箔条干扰弹方案设计完成后，还需要通过各种试验和测试对其可行性进行评估。首先需要检验外弹道一致性，通过外弹道摸底试验获得弹丸初速、外弹道点状态、落点分布等相关参数，进而进行一致性检验。外弹道摸底试验一般通过样弹的火炮实际发射来完成。

2.4.1　试验方法

进行炮射箔条干扰弹原理样机的装配（7 发），其中 2 发备用。试验前，保持两天的常温状态，然后再开展外弹道摸底试验。试验中，利用弹道雷达逐发对发射后炮射箔条干扰弹弹丸的外弹道飞行参数进行测量，同时在预计落点位置周边布置 4 个观察哨，以观察弹丸落点情况。试验结束后，测量射程及落点的分布情况。

2.4.2　试验结果及分析

火炮实际发射 5 发，弹着点均被落点观察哨找到并测量，外弹道摸底试数据如表 2. 4 所示。同时，弹道雷达以 0. 1s/次的数据率对炮射箔条干扰弹弹丸外弹道飞行参数进行测量，前 20s 的测量数据通过外部接口保存。为了直观地分析外弹道一致性，根据弹道雷达实测数据画出飞行外弹道弹丸高度随距离变化曲线（因为保密原因，数据进行了多次变换），如图 2. 18 所示。

表 2. 4　外弹道摸底试验数据

射序	射角/mil	初速/（m/s）	落点距离/km	备注
1	351	899. 2	16. 92	正常
2	351	899. 4	17. 01	正常
3	351	896. 8	16. 83	正常
4	351	897. 1	16. 86	正常
5	351	898. 1	16. 90	正常

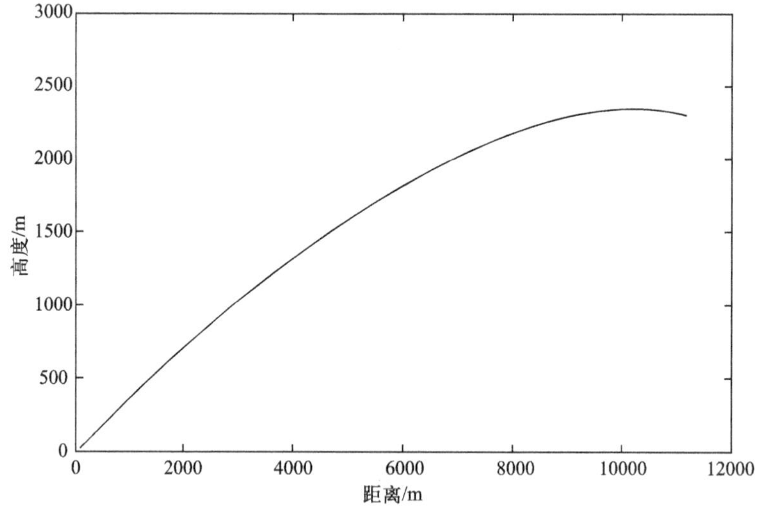

图 2. 18　弹道雷达跟踪外弹道弹丸高度随距离变化曲线（5 发）

可以看出，弹丸初速都比较接近标定初速，且落点比较集中，表明炮射箔条干扰弹原理样机的外弹道一致性较好。

从图 2. 18 可以看出，5 发炮射箔条干扰弹（射角相同）的弹丸外弹道测试结果，尤其是距离、高度和飞行速度等关键参数在同一采样时间时非常相近，差值极小，其外弹道曲线基本重合，具有较高的一致性。

根据试验数据中的弹丸初速基本一致、落点集中、外弹道曲线一致性可以初步判定，炮射箔条干扰弹方案设计基本满足制式弹的“4 个一致”。

第 3 章

炮射箔条干扰弹抗高过载技术

炮射箔条干扰弹发射后，由于发射药燃烧产生的火药气体的作用，弹丸在膛内由静止瞬间加速到极高出炮口速度，将承受着瞬时、高能的强冲击；在空爆开舱抛射时，在抛射火药气体压力下，弹体各内部装填零部件受到与发射时相反方向的惯性力和挤压力作用，其中有些力对零部件的影响远远超过发射时所受力的影响。同时，箔条为极细的镀铝玻璃丝，在高过载冲击时容易变形或折断，在高速旋转情况下容易出现箔条丝缠绕、打结等现象，从而影响箔条云的性能。因此，抗高过载技术是炮射箔条干扰弹设计中必须解决的关键技术之一。

下面介绍炮射箔条干扰弹的抗高过载技术。工程上，抗高过载问题需要开展发射和空爆内弹道仿真分析，并在此基础上开展抗过载设计。同时，通过靶场强度试验，检验强度是否满足要求。

3.1 炮射箔条干扰弹过载分析

3.1.1 高过载的基本概念

3.1.1.1 过载

过载（overload）的含义较广，有过量、过重装载、超负荷的意思，在力学、电学、热学、通信学和医学等各技术领域均会存在过载的问题。

3.1.1.2 高过载

高过载（high overload）指的是装载量或负荷“非常过量”，有时甚至达到了“过分过量”的情况，意为过载已经达到相当高的程度。

必须说明的是，过载的高低程度不是绝对的，相同的过载强度，在某一场合为高过载，在另一场合就不能算高过载，有时甚至连过载也算不上。例如，在医学领域，对于飞行员来说，几 g 的加速度情况就已算是过载状态了，$10g$ 的加速度即为确实处于高过载状态了；而对于炮弹弹丸，一般加速度过载就在千 g 以上，在高过载状态下可达万 g、数万 g 乃至 10 万 g 以上。

3.1.1.3 弹药高过载

弹药高过载是指弹药在运输、存储、上膛等发射前过程中，发射周期当中，弹丸出炮口后的冲击作用，其冲击强度直接反映了过载的大小程度。下面对弹药系统的过载环境进行分析。

1. 发射前

（1）弹药运输、卸载时所受的力，通常其冲击加速度均不超过 $12g$。

（2）弹药在弹鼓内传送及上膛时受到的装填力，主要包括由于误操作使弹丸碰撞炮尾或输弹的过程中碰撞产生的直接碰撞力，以及由于送弹运动的突然停止而产生的前冲惯性力。对于某些武器，此惯性力产生的冲击加速度可达数百 g 以上。

2. 发射周期当中

发射周期中，弹丸在炮膛内加速运动，弹体将受到很大的瞬时冲击过载。例如，南非某 155mm 榴弹炮发射最大过载达 1 万 g，峰值持续时间只有几毫秒；“奥托” 127mm 舰炮的过载则更高，达到 1.4 万 g 以上。

3. 发射周期后

发射周期后，冲击过载主要包括弹药在外弹道上碰到障碍物时的冲击力和子母弹形式弹药空爆开舱时的冲击力两种情况。对于第一种情况来说，尤其是侵彻类炮弹弹丸，在弹道末端往往高速穿入机场跑道、碉堡、混凝土工事等，其平均过载高达数万 g，峰值过载甚至达 10 万 g 乃至数十万 g。对于第二种情况来说，在外弹道段空爆开舱时受抛射火药气体的作用下，弹体内各内部装填零部件受到与发射时相反方向的惯性力和挤压力的作用，有些零部件在空抛时所受的力，远远超过发射时所受的力。

发射前，运输、装卸和上膛时的过载相对较小，这里暂不考虑。同时，由于炮射箔条干扰弹为软杀伤武器，不直接与目标发生碰撞，故其所承受的过载主要包括两部分：一是在舰炮发射过程中产生的过载，二是在空爆开舱时产生的过载。

3.1.2 炮射箔条干扰弹发射过载分析

炮射箔条干扰弹发射时，弹体在膛内所受到的力主要有火药气体压力、惯性力、装填物压力、导转侧力、弹带压力、不均衡力、摩擦力等，这些载荷有的对发射强度有直接影响，有的则主要影响弹丸在膛内运动的正确性，上述力综合起来将会使炮射箔条干扰弹弹丸在发射时承受高过载，且最大过载可能达1万 g 以上。

根据总体设计方案，炮射箔条干扰弹采用弹底开舱的子母弹结构，且为了留出更多的内部装填空间，弹体设计成长内腔、薄弹壁型，弹内还有较多的零部件用于实现弹丸的空爆开舱，因此发射高过载将会对炮射箔条干扰弹产生较大影响。需要对其所承受的过载情况进行分析，为后续的抗过载设计奠定基础。

接下来，通过舰炮发射内弹道仿真，分析炮射箔条干扰弹在发射过程中的受力情况及弹丸的运动情况，在此基础上进行发射过载分析。

3.1.2.1 舰炮发射内弹道方程组及其解法

1. 舰炮发射内弹道方程组

舰炮发射内弹道方程组包括火药燃气状态方程、火药燃烧方程、内弹道基本方程及弹丸运动方程，这些方程在内弹道计算中是必不可少的。根据工程经验，在以下基本假设的基础上可以得到单一装药与混合装药的内弹道方程组。同时，炮射箔条干扰弹采用单一装药，故混合装药情况暂不予考虑。

1）基本假设

（1）火药燃烧遵循几何燃烧定律。

（2）药粒在平均压力下燃烧，且遵循燃烧速度定律。

（3）内堂表面热散失用减小火药力 f 或增加比热比 k 的方法间接修正。

（4）用系数 φ 来衡量其他次要功。

（5）弹带挤进膛线是瞬时完成的，以一定的挤进压力 p_0 标志弹丸运动的启动条件。

（6）火药燃气服从诺贝尔－阿贝尔状态方程。

（7）单位质量火药燃烧所放出的能量及生成的燃气的燃烧温度均为定值，在以后膨胀做功过程中，燃气组分变化不予考虑，因此虽然燃气温度因膨胀而下降，但火药力 f、余容 α 及比热比 k 等均视为常数。

（8）弹带挤进膛线后，密封良好，不存在漏气现象。

2）单一装药内弹道方程

若采用单一装药，则根据上述假设，其内弹道方程组可写成以下形式。

（1）形状函数：

$$\psi = \chi Z(1 + \lambda Z + \mu Z^2) \tag{3.1.1}$$

（2）燃速方程：

$$\frac{\mathrm{d}Z}{\mathrm{d}t} = \frac{\mu_1}{e_1}p^n \tag{3.1.2}$$

（3）弹丸运动方程：

用平均压力和次要功系数 φ 表示的运动方程：

$$\varphi m\frac{\mathrm{d}v}{\mathrm{d}t} = Sp \tag{3.1.3}$$

（4）内弹道基本方程：

$$Sp(l_\varphi + l) = f\omega\varphi - \frac{\theta}{2}\varphi m v^2 \tag{3.1.4}$$

式中：$l_\varphi = l_0\left[1 - \frac{\Delta}{\rho_p} - \Delta\left(\alpha - \frac{1}{\rho_p}\right)\varphi\right]$。

（5）弹丸速度与形成关系式：

$$\frac{\mathrm{d}l}{\mathrm{d}t} = v \tag{3.1.5}$$

根据枪炮内弹道学可知，式（3.1.1）~式（3.1.5）构成了内弹道方程组：

$$\begin{cases} \varphi = \chi Z(1 + \lambda Z + \mu Z^2) \\ \dfrac{\mathrm{d}Z}{\mathrm{d}t} = \dfrac{\mu_1}{e_1}p^n \\ \varphi m\dfrac{\mathrm{d}v}{\mathrm{d}t} = Sp \\ Sp(l_\varphi + l) = f\omega\varphi - \dfrac{\theta}{2}\varphi m v^2 \\ \dfrac{\mathrm{d}l}{\mathrm{d}t} = v \end{cases} \tag{3.1.6}$$

式（3.1.6）的内弹道方程组由常微分方程和代数方程组成，共有 6 个未知数，即 p、v、l、t、φ、Z，但只有 5 个方程，因此以任意一个变量作为自变量，可解出其他 5 个物理量与该自变量的关系。

当采用多孔火药作为发射药时，内弹道方程组应改为：

$$\begin{cases} \varphi = \begin{cases} \chi Z(1+\lambda Z+\mu Z^2) & (Z<1) \\ \chi_s \dfrac{Z}{Z_k}\left(1+\lambda_s \dfrac{Z}{Z_k}\right) & (1 \leqslant Z < Z_k) \\ 1 \quad Z \geqslant Z_k \end{cases} \\ \dfrac{\mathrm{d}Z}{\mathrm{d}t} = \begin{cases} \dfrac{\mu_1}{e_1}p^n & (Z<Z_k) \\ 0 & (Z \geqslant Z_k) \end{cases} \\ v = \dfrac{\mathrm{d}l}{\mathrm{d}t} \\ Sp = \varphi m \dfrac{\mathrm{d}v}{\mathrm{d}t} \\ Sp(l_\varphi + l) = f\omega\varphi - \dfrac{\theta}{2}\varphi m v^2 \end{cases} \tag{3.1.7}$$

式中：$l_\varphi = l_0\left[1-\dfrac{\Delta}{\rho_p}-\Delta\left(\alpha-\dfrac{1}{\rho_p}\right)\varphi\right]$；$\Delta=\dfrac{\omega}{V_0}$；$l_0=\dfrac{V_0}{S}$；$\chi_s=\dfrac{\phi_s-\xi_s}{\xi_s-\xi_s^2}$；$\lambda_s=\dfrac{1-\chi_s}{\chi_s}$；$\phi_s=\chi(1+\lambda+\mu)$；$Z_k=\dfrac{e_1+\rho}{e_1}$；$\xi_s=\dfrac{e_1}{e_1+\rho}$。

根据式（3.1.6）或式（3.1.7）的舰炮发射内弹道方程组，即可开展内弹道仿真计算。

2. 舰炮发射内弹道方程组的求解

舰炮发射内弹道方程组的求解有多种方法，传统的解法具有简单、直观的优点，但存在较大的局限性。随着数学建模技术、计算技术的发展及对发射过程研究的深入，可以建立更精确的数学模型，通过数值方法获得膛内压力、弹丸速度等参量变化规律的精确描述。数值解法由于可对一般形式的内弹道方程组进行求解，通用性强，且可借助计算机编程实现，因此目前对舰炮发射内弹道方程组的求解大多采用数值解法。下面对数值解法做简单介绍。

1）数值解法的求解过程

数值解法的求解过程有以下几步：

（1）通过引入相对变量等形式将内弹道方程组变成无量纲方程组；

（2）根据求解要求选择合适的数值积分方法；

（3）选择合适的编程语言，完成计算机程序编写；

（4）上机调试和计算。

对于采用多孔火药的内弹道模型，可以引入以下相对变量，使方程组量纲为1：

$$\bar{l} = \frac{l}{l_0};\bar{t} = \frac{v_j}{l_0}t;p = \frac{p}{f\Delta};\bar{v} = \frac{v}{v_0} \tag{3.1.8}$$

式中：$v_0 = \sqrt{\dfrac{2f\omega}{\theta\varphi m}}$。为求解方便，根据式（3.1.8）引入的相对变量，将式（3.1.7）转化为无量纲方程组：

$$\begin{cases}\dfrac{d\varphi}{dt} = \begin{cases}\chi(1 + \lambda Z + 3\mu Z^2)\sqrt{\dfrac{\theta}{2B}}\bar{p}^n & (Z < 1)\\ \dfrac{\chi_s}{Z_k}\left(1 + \lambda_s\dfrac{Z}{Z_k}\right)\sqrt{\dfrac{\theta}{2B}}\bar{p}^n & (1 \leqslant Z < Z_k)\\ 0 & (Z \geqslant Z_k)\end{cases}\\ \dfrac{dZ}{dt} = \begin{cases}\sqrt{\dfrac{\theta}{2B}}\bar{p}^n & (Z < Z_k)\\ 0 & (Z \geqslant Z_k)\end{cases}\\ \dfrac{dv}{dt} = \dfrac{\theta}{2}\bar{p}\\ \dfrac{dl}{dt} = \bar{v}\\ \dfrac{dp}{dt} = \dfrac{l_\varphi}{(\bar{l}_\varphi + \bar{l})v_0}\left[1 + \Delta\left(\alpha - \dfrac{1}{\rho}\right)\right]\dfrac{d\varphi}{dt} - \dfrac{1 + \theta}{\bar{l}_\varphi + \bar{l}}p\bar{v}\end{cases} \tag{3.1.9}$$

式中：$\bar{l}_\varphi = 1 - \dfrac{\Delta}{\rho_p} - \Delta\Delta(\alpha - \dfrac{1}{\rho})\varphi;B = \dfrac{S^2e_1^2}{f\omega\varphi m\mu_1^2}(f\Delta)^{2(1-m)}$。

发射内弹道过程方程中，通常采用数值积分的方法求解。比较常用的数值解法有单步法中的Euler法、改进Euler法、Runge－Kutta（RK）法及多步法中的Adams法等。Euler法精度低，工作量小；RK法精度高，工作量大；Adams法不能自启动且对特殊点不能通过改变步长求得。因此，在发射过程的求解中，一般选用四阶RK法。

2）RK法

根据一阶微分方程组：

$$\begin{cases}\dfrac{\mathrm{d}y_i}{\mathrm{d}x}=f_i(x_1,y_1,y_2,\cdots,y_n)\\ y_i(x_0)=y_{i0}\end{cases}\quad(i=1,2,\cdots,n)\tag{3.1.10}$$

四阶 RK 公式可写成：

$$y_{i,k+1}=y_{i,k}+\frac{h}{6}(K_{i1}+2K_{i2}+2K_{i3}+K_{i4})\quad(i=1,2,\cdots,n)\tag{3.1.11}$$

式中：步长 $h=x_{k+1}-x_k$。

$$\begin{cases}K_{i1}=f_i(x_k,y_{1k},\cdots,y_{nk})\\ K_{i2}=f_i\left(x_k+\dfrac{h}{2},y_{1k}+\dfrac{hK_{11}}{2},\cdots,y_{nk}+\dfrac{hK_{n1}}{2}\right)\\ K_{i3}=f_i\left(x_k+\dfrac{h}{2},y_{1k}+\dfrac{hK_{12}}{2},\cdots,y_{nk}+\dfrac{hK_{n2}}{2}\right)\\ K_{i4}=f_i\left(x_k+\dfrac{h}{2},y_{1k}+hK_{13},\cdots,y_{nk}+hK_{n3}\right)\end{cases}\tag{3.1.12}$$

3）内弹道计算步骤及程序框图

接下来，按以下步骤完成 RK 法求解内弹道方程组的上机编程工作。

（1）输入已知数据。

火炮构造及弹丸诸元：S、V_0、l_g、m。

装药条件：f、ω、α、ρ_p、θ、μ_1、n、e_1、χ、λ、μ、χ_s、λ_s。

触发条件：p_0。

基本常量：φ_1、λ_2。

计算条件：步长 h。

在选定计算步长时，可将内弹道全长划分为 100～200 个点，两点之间的长度作为一个步长的参考。在进行调试和预先计算时，可按 1、1/2、1/3 个步长分别进行尝试计算，并分析选择不同步长对结果和计算精度的影响，为获得合理步长奠定基础。

（2）常量计算。

$$\varphi=\varphi_1+\lambda_2\frac{\omega}{m};\qquad \Delta=\frac{\omega}{V_0};\qquad l_g=\frac{V_0}{s};$$

$$v_1=\sqrt{\frac{2f\omega}{\theta\varphi m}};\qquad B=\frac{S^2e_1^2}{f\omega\varphi m\mu_1^2}(f\Delta)^{2-2n};\qquad \bar{l}_g=\frac{l_g}{l}。$$

（3）初值计算。

$$\bar{v}_0=t_0=0;\qquad \bar{p}_0=\frac{p_0}{f\Delta};$$

$$\psi_0 = \left(\frac{1}{\Delta} - \frac{1}{\rho_p}\right) \Big/ \left(\frac{f}{p_0} + \alpha - \frac{1}{\rho_p}\right); \qquad Z_0 = \left(\sqrt{1 + \frac{4\lambda\psi_0}{\chi}} - 1\right) \Big/ 2\lambda。$$

式中：Z_0 是用两次多项式 ψ（Z）来近似表述的。当 ψ（Z）为三次多项式时，可用逐次逼近法确定。

（4）内弹道循环计算。

求解过程中主要有最大压力点的搜索，燃烧分裂点与结束点、炮口点的判断等。

（5）解算结果。

内弹道解算结果一般用表格及相关曲线来表述。

在进行内弹道仿真计算时，内弹道解算主程序框图及四阶 RK 法的子程序框图如图 3.1、图 3.2 所示。

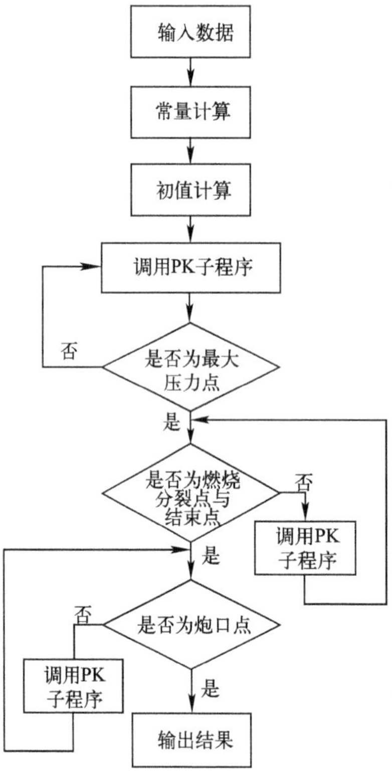

图 3.1　内弹道解算主程序框图

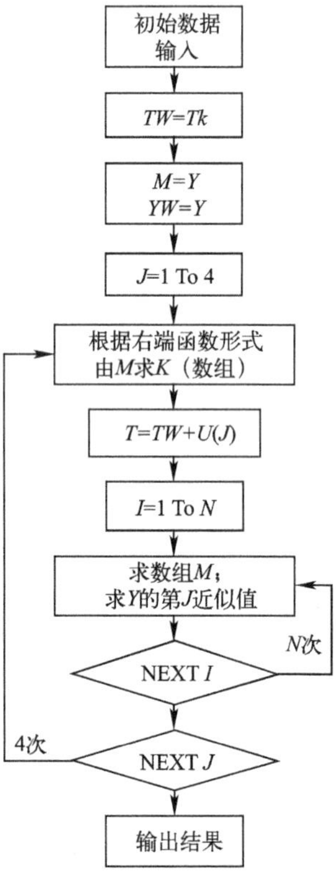

图 3.2　四阶 RK 法的子程序框图

3.1.2.2 炮射箔条干扰弹发射内弹道仿真及过载分析

炮射箔条干扰弹采用通用制式装药，以舰炮为试验发射平台，火炮构造诸元和火炮填装诸元已知，在试验过程中可测试得到最大膛压和弹丸初速。接下来通过发射内弹道仿真，并结合在外场实弹发射试验情况，对炮射箔条干扰弹发射过程所承受的过载进行分析。

1. 外场试验情况

在炮射箔条干扰弹外场实弹发射试验中，实测最大膛压为 291.1MPa，弹丸初速 899m/s。

2. 炮射箔条干扰弹发射内弹道仿真计算

将上一节内弹道方程组编制的程序应用于舰炮武器的内弹道进行仿真计算。舰炮构造诸元参数如表 3.1 所示，炮射箔条干扰弹装填参数如表 3.2 所示。

表 3.1　舰炮构造诸元参数

舰炮构造及弹丸	数值	单位	舰炮构造及弹丸	数值	单位
炮膛横截面积 S	0.00×××	m^2	药室容积 V_0	0.00×××	m^3
弹丸全行程长 l_g	×.×××	m	挤进压力 p_0	$X\times10^7$	MPa

表 3.2　炮射箔条干扰弹装填参数

内容	数值	单位	内容	数值	单位
火药牌号	××-×		装药量 ω	×.×	kg
发射药火药力 f	×××	kJ/kg	气体余容 α	0.00×	m^2/kg
火药密度 ρ_p	××××	kg/m^3	形状特征量 χ	0.××	
形状特征量 λ	0.××		阻力系数	×.××	
比热比 k	1.×		点火药量	0.0××	kg
点火药火药力	×××	kJ/kg	弹丸质量 m	×××	kg

通过仿真计算，可得到膛内压力、弹丸速度、弹丸行程和火药燃烧随时间的变化情况，如表 3.3 所示。为便于直观分析，将上述数据整理成 $P-t$、$P-l$、$v-t$、$v-l$的曲线图如图 3.3 ~ 图 3.6 所示。

仿真计算得到发射过程最大膛压为 295.66MPa，弹丸最大速度为 902.2m/s。对比发射试验实测数据可知，仿真计算比实测数据略高，但考虑到外场试验时炮管已有磨损的因素，可得出仿真计算结果与试验实测结果吻合较好的结论，说明仿真符合实际，可用于发射内弹道分析。

表 3.3　某口径舰炮发射炮射箔条干扰弹的内弹道仿真计算结果

t/ms	v/（m/s）	l/m	φ	P/MPa
0	0	0	0	0
0.5×10^{-3}	8.558851	1.561703×10^{-3}	3.753756×10^{-2}	1.907541×10^{-7}
1.0×10^{-3}	2.124828×10^{-1}	7.897090×10^{-3}	5.687979×10^{-2}	4.285646×10^{-7}
1.5×10^{-3}	3.977534×10^{-1}	2.142031×10^{-2}	8.549802×10^{-2}	6.615423×10^{-7}
2.0×10^{-3}	6.615497×10^{-1}	4.556236×10^{-2}	1.266240×10^{-1}	9.565596×10^{-7}
2.5×10^{-3}	1.023307×10^{-2}	8.492147×10^{-2}	1.831715×10^{-1}	1.340483×10^{-8}
3.0×10^{-3}	1.494481×10^{-2}	1.451337×10^{-1}	2.562812×10^{-1}	1.794874×10^{-8}
3.5×10^{-3}	2.070011×10^{-2}	2.322594×10^{-1}	3.437252×10^{-1}	2.262876×10^{-8}
4.0×10^{-3}	2.724569×10^{-2}	3.516933×10^{-1}	4.395636×10^{-1}	2.657055×10^{-8}
4.5×10^{-3}	3.418655×10^{-2}	5.070192×10^{-1}	5.360000×10^{-1}	2.897912×10^{-8}
5.0×10^{-3}	4.111584×10^{-2}	6.994266×10^{-1}	6.262950×10^{-1}	2.956553×10^{-8}
5.5×10^{-3}	4.772388×10^{-2}	9.279356×10^{-1}	7.065360×10^{-1}	2.861363×10^{-8}
6.0×10^{-3}	5.383375×10^{-2}	1.190128	7.755623×10^{-1}	2.669053×10^{-8}
6.5×10^{-3}	5.937930×10^{-2}	1.482915	8.339557×10^{-1}	2.433370×10^{-8}
7.0×10^{-3}	6.436498×10^{-2}	1.803090	8.830645×10^{-1}	2.191183×10^{-8}
7.5×10^{-3}	6.883153×10^{-2}	2.147631	9.244006×10^{-1}	1.962690×10^{-8}
8.0×10^{-3}	7.283384×10^{-2}	2.513828	9.593575×10^{-1}	1.756596×10^{-8}
8.5×10^{-3}	7.642873×10^{-2}	2.899316	9.891168×10^{-1}	1.575057×10^{-8}
9.0×10^{-3}	7.966930×10^{-2}	3.302029	1.000000	1.417006×10^{-8}
9.5×10^{-3}	8.260268×10^{-2}	3.720013	1.000000	1.240047×10^{-8}
1.0×10^{-2}	8.526966×10^{-2}	4.151431	1.000000	1.111434×10^{-8}
1.07×10^{-2}	8.921655×10^{-2}	4.748000	1.000000	0.923589×10^{-8}

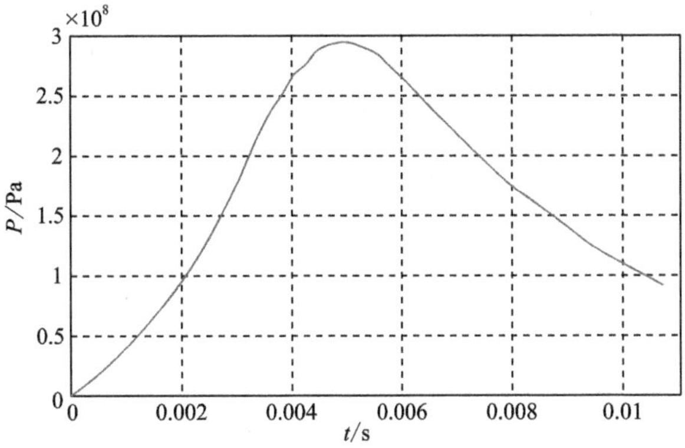

图 3.3　发射内弹道膛压随时间变化曲线图

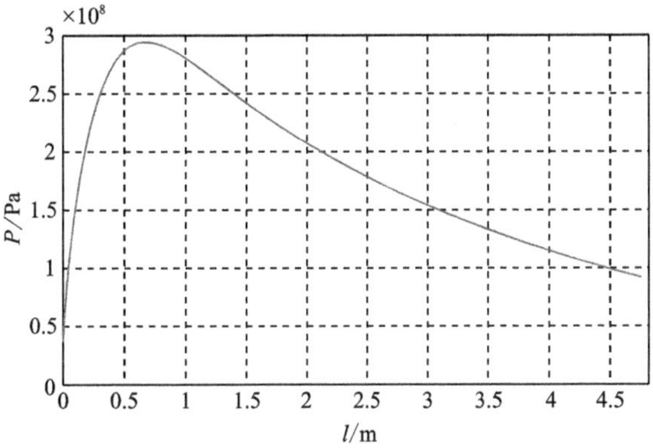

图 3.4　发射内弹膛压随弹丸位移变化曲线图

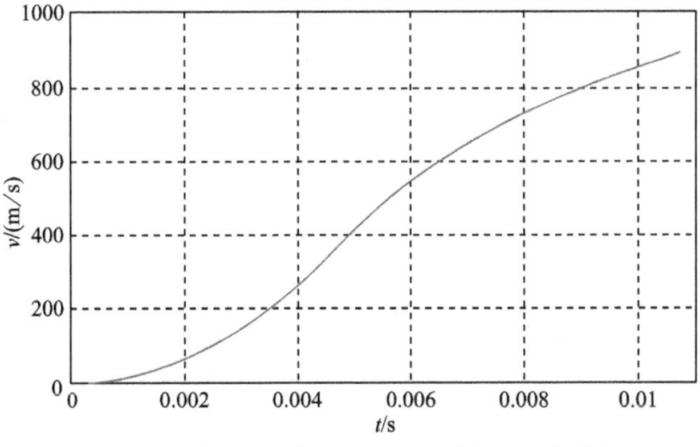

图 3.5　发射内弹道弹丸速度随时间变化曲线图

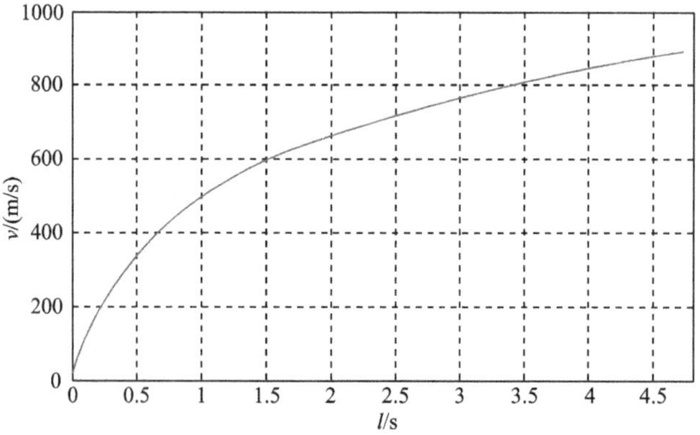

图 3.6　发射内弹道弹丸速度随弹丸位移变化曲线图

根据仿真结果可知：发射时，弹丸在膛内将承受短时高压，膛内压力迅速增大，达到最大值后又迅速减小；最大压力为 295.66MPa，最大压力点在 5.1ms 左右。受发射火药燃烧产生的燃气压力作用，弹丸速度短时间内迅速增加，在 10.72ms 内由静止加速到 902.2m/s。从时间上看，弹丸速度随时间一直在增加。从增加趋势上看，弹丸速度具有前一阶段缓慢，中间段加快，后一阶段又变缓慢的特点；从在膛内运动行程上看，前段速度增加趋势大，后段速度增加趋势减小。

3. *发射过载分析*

接下来，在发射内弹道仿真的基础上，进一步分析弹丸发射过程中所承受加速度过载的情况。为了得到该加速度过载随时间变化的函数，方便理论计算，首先采用最小二乘法将速度随时间变化情况拟合为 8 次多项式，并进一步将加速度随时间变化的情况拟合为 7 次多项式，拟合后弹丸加速度载荷 a 随时间 t 的变化关系为：

$$a = 2.8177 \times 10^{21} t^7 - 1.0826 \times 10^{20} t^6 + 1.6034 \times 10^{18} t^5 - 1.126 \times 10^{16} t^4 + 3.6415 \times 10^{13} t^3 - 4.3972 \times 10^{10} t^2 + 3.6291 \times 10^7 t + 973.8189 \tag{3.1.13}$$

根据加速度拟合多项式，画出弹丸发射时在膛内的加速度过载随时间变化曲线，如图 3.7 所示。

通过图 3.7 可以看出，弹丸在发射时存在短时高过载，在膛内阶段承受的过载最大峰值约为 1.42 万 g（$1.395 \times 10^5 \text{m/s}^2$），过载持续时间约为 10.7ms。对比弹丸发射时膛内压力随时间变化曲线可知，弹丸所承受的加速度过载与膛压变化的走势基本一致，即最大压力点为加速度载荷最大点。

万 g 以上的加速度过载将会对长内腔、薄弹壁、子母弹结构形式的炮射箔条

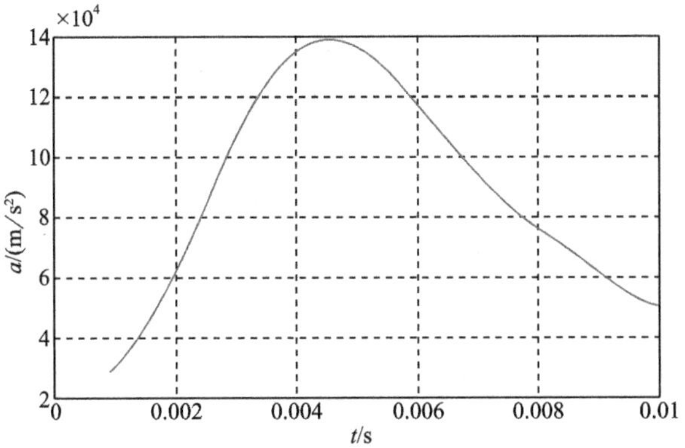

图 3.7　内弹道弹丸加速度过载随时间变化曲线

干扰弹弹丸产生较大影响。通过发射内弹道仿真计算，可以较全面地掌握弹丸受力及过载的大小、持续时间和变化情况等数据，这对炮射箔条干扰弹的抗过载强度设计具有重要的指导意义。

3.1.3　炮射箔条干扰弹空爆抛射过载分析

子母弹空爆开舱时，在开舱抛射火药气体的压力下，以及由于弹体内压力的作用，各内部装填零部件受到与发射时相反方向的惯性力和挤压力的作用，致使有些零部件在空抛时所受的力，远远超过发射时所受的力。炮射箔条干扰弹为子母弹结构，在空中开舱完成箔条的抛撒，由于开舱抛射机构的零部件在空爆过载下可能产生变形、失灵等问题，因此需要进行空爆过载分析，为子母弹内部零部件及开舱机构抗过载设计奠定基础。

接下来，通过抛撒内弹道仿真分析炮射箔条干扰弹在空爆开舱过程中的受力情况及箔条子弹的运动情况，在此基础上进行空爆过载分析。

3.1.3.1　子母弹活塞式抛射内弹道模型

1. 子母弹空爆抛射内弹道方程组

1）基本假设

为了建立子母弹结构的炮射箔条干扰弹抛射过程的数学模型，同时为使问题简化，我们做如下假设：

（1）抛射药的燃速服从几何燃烧定律。通过增加火药形状特征量χ值的方法来修正燃烧。

（2）抛射药的燃速服从稳态下的指数燃烧定律。因弹丸抛射时，受子弹抛射过载和弹体强度的限制，弹丸的抛射压力一般小于 100MPa，故可做此假设。

（3）抛射药燃烧和子弹组件的运动均在平均压力下进行。抛射过程中，药室内的实际压力分布是不均匀的，且分布情况比一般火炮的压力分布复杂，但为简化分析，可近似认为压力分布是均匀的。

（4）抛射药燃烧生成物的成分始终保持不变。实际上燃烧时有关特征量是变化的，但这些特征量变化很小，不足以影响弹道解的准确性，为减少方程组的复杂性，将这些特征量视为常数处理。

（5）不考虑弹底螺纹的剪断过程。因为弹底和弹体的螺纹旋合长度很短，所以可认为螺纹剪断过程瞬间完成。

（6）热散失和次要功用系数进行修正。

（7）弹丸在抛射瞬间不受任何外力影响。

（8）弹底螺纹完全被剪断时，子弹组件开始运动。

2）子母弹活塞式抛射过程方程组

依据子母弹活塞式空爆抛射过程的特点，将空爆过程分成两个时期。

（1）第一个时期是从引信动作点燃抛射药开始到母弹的弹底螺纹被剪断为止。这个时期活塞尚保持静止，可认为抛射药是在定容下燃烧。因此，燃烧室内压力上升完全由抛射药燃烧引起。

此时，子母弹抛射内弹道方程组为：

① 形状函数：

$$\psi = \chi Z(1 + \lambda Z + \mu Z^2) \tag{3.1.14}$$

② 燃速方程：

$$\frac{\mathrm{d}\delta}{\mathrm{d}t} = aP^n, \frac{\delta}{\delta_1} = Z \tag{3.1.15}$$

③ 气体状态方程：

$$P = \frac{\omega\psi RT}{V_0 - \dfrac{\omega}{\rho_p}(1 - \psi) - \alpha\omega\psi} \tag{3.1.16}$$

（2）第二个时期是从子弹组件开始运动到推板离开母弹弹体底端面。此时，活塞已经开始运动，火药还未完全燃烧完，既有压力上升的因素，又有压力下降的因素。子母弹抛射内弹道方程组可表述为：

① 形状函数：

$$\psi = \chi Z(1 + \lambda Z + \mu Z^2) \tag{3.1.17}$$

② 燃速方程：

$$\frac{\mathrm{d}\delta}{\mathrm{d}t} = aP^n, \frac{\delta}{\delta_1} = Z \tag{3.1.18}$$

③ 气体状态方程：

$$P = \frac{\omega\psi RT}{V - \frac{\omega}{\rho_p}(1 - \psi) - \alpha\omega\psi} \tag{3.1.19}$$

④ 能量方程：

$$\omega\psi R(T_0 - T) = (k - 1)\frac{\varphi m}{2}v^2 \tag{3.1.20}$$

⑤ 活塞加速度方程：

$$\frac{\mathrm{d}v}{\mathrm{d}t} = \frac{Sp}{\varphi m} \tag{3.1.21}$$

⑥ 活塞运动方程：

$$\frac{\mathrm{d}L}{\mathrm{d}t} = v \tag{3.1.22}$$

⑦ 补充方程：

$$V = V_0 + SL \tag{3.1.23}$$

将炮射箔条干扰弹的相关设计参数分别代入第一时期的式（3.1.14）~式（3.1.16）和第二时期的式（3.1.17）~式（3.1.23），即可进行子母弹抛射内弹道仿真计算。

2. *考虑弹丸空体后坐的子母弹内弹道方程组*

根据枪炮内弹道学可知，在火炮射击过程中，将发射药的化学能转换成火药燃气的热能，而火药气体的热能通过对外做功与热损失的方式转换为其他形式的能量，同时还有相当一部分能量没有转换，以很高的温度与压力的状态从炮口排除。经验数据表明：火药总能量中有 30% 左右转化为弹丸平动能和转动能，有 25% 左右转化为弹丸摩擦做功、炮身后坐动能、热传递损失能量等，有 45% 左右未被利用直接从炮口流失。然而，子母弹抛射与火炮发射在内弹道上有很大差别。

（1）火炮发射内弹道行程一般在 3000 ~ 6000mm，而子母弹抛射时子弹组件行程很短，在 200 ~ 500mm。

(2) 火炮后坐部分的重量一般是弹丸的35~135倍，而子母弹中子弹组件与母弹空体的质量相差小，有的母弹空体质量甚至小于子弹组件。

(3) 火炮尤其是舰炮，一般发射时最大压力在200MPa以上，而子母弹抛射压力低，最大抛射压力在10~70MPa，且抛射速度低，在30~100m/s。

(4) 子母弹空爆时，子弹组件的抛射速度与母弹空体后坐反向速度比值小。

根据上述对比分析可知，我们在进行弹丸动态抛射（亦称空爆开舱）的内弹道计算与仿真时，必须考虑其母弹空体后坐所消耗的能量，并把它作为主要功来处理。根据能量守恒定律，其能量平衡方程可写为：

$$\omega\psi R(T_0 - T) = \frac{(k-1)}{2}\varphi m v^2 - m_p V_p^2 - \frac{(k-1)}{2}\varphi m_k V_k^2 \qquad (3.1.24)$$

式中：m_p 为子弹组件的质量；m_k 为子弹组件被抛出后剩余弹丸空体的质量；V_p 为子弹组件抛射速度；V_k 为弹丸空体的后坐速度。

用式（3.1.24）的能量方程替代式（3.1.20）的能量方程，即可实现对弹丸静态抛射内弹道方程组的修正，仿真结果将更接近实际情况。

3.1.3.2 炮射箔条干扰弹空爆抛射内弹道仿真及过载分析

炮射箔条干扰弹采用弹底开舱的两级连动活塞式抛射结构，由于箔条子弹内部装填的主要为箔条，质量较轻，且底部采用强度较弱的保护膜片方式封装，所需开舱压力非常小，故箔条子弹二级抛射的过载相比母弹一级抛射时低得多，可暂且忽略。接下来可以在外场试验的基础上，重点对炮射箔条干扰弹一级开舱抛射过程所承受的过载情况进行分析。

对于一级开舱抛射过程来说，抛射药种类、药量、燃烧室容积、推板面积、箔条子弹组件（包括导火机构、箔条子弹、支撑瓦等）和弹丸空体质量已知，在静态抛射试验中可测得被抛物的速度。

1. 外场试验情况

为了更准确地测试一级开舱抛射结果，箔条子弹不开舱；且因测试条件受限，外场试验仅进行静态抛射试验。在某口径炮射箔条干扰弹外场静态一级开舱抛射试验中，实测箔条子弹组件完全被抛出弹丸空体的时间为7.5ms，箔条子弹组件的初速为77m/s。

2. 炮射箔条干扰弹抛射内弹道仿真计算

炮射箔条干扰弹弹丸结构及装填参数如表3.4所示。

表 3.4　炮射箔条干扰弹弹丸结构及装填参数

结构及装填参数	数值	单位	结构及装填参数	数值	单位
弹丸质量	××.×	kg	子弹组件质量	×.×	kg
××机构质量	0.××	kg	保护装置质量	×.×	kg
××键条质量	0.×	kg	弹底螺纹质量	×.×	kg
燃烧室初始容积	$×.××\times10^{-5}$	m^3	活塞直径	$×.××\times10^{-2}$	m
活塞质量	0.××	kg	母弹内腔长度	×××	m
开舱压力	××.×	MPa	抛撒药量	0.0××	kg

根据前面建立的子母弹动态抛射内弹道模型，利用 MATLAB 对抛射箔条干扰弹一级开舱抛射情况进行数值仿真。一级开舱抛射内弹道仿真结果如图 3.8、图 3.9所示，它们描述了炮射箔条干扰弹一级动态抛射过程中弹丸内腔燃气压力、箔条子弹组件与弹丸空体的抛射速度随时间变化情况。

如图 3.8 所示，炮射箔条干扰弹一级开舱抛射时弹丸内腔最大压力为 81.9MPa，持续时间为 5.8ms，最大压力点在 2.3ms 左右。

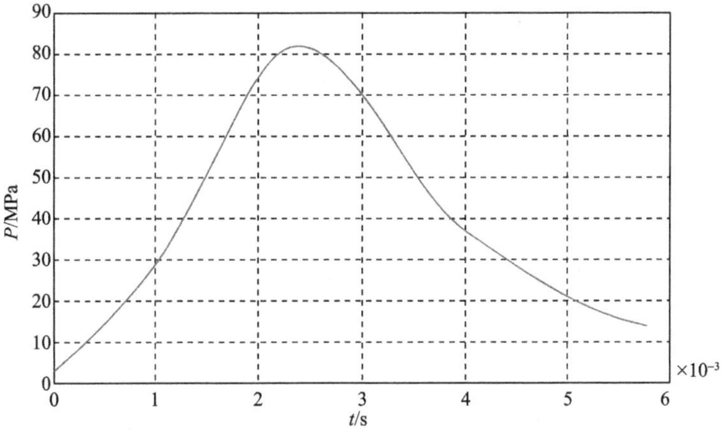

图 3.8　炮射箔条干扰弹抛射内弹道压力随时间变化曲线图

如图 3.9 所示，炮射箔条干扰弹一级动态开舱抛射时，由于弹丸不固定，受抛射后坐的影响，箔条子弹组件和弹丸空体均发生运动，开始运动时间为 1.75ms，早于到达最大压力点时间，原因是弹丸内腔压力上升到最大压力点前已达到弹底螺纹剪切压力，弹底螺纹被剪断，箔条子弹组件开始被抛出；箔条子弹被完全抛出弹丸时的仿真速度为 67.05m/s，比静态抛射试验实测速度低一些，

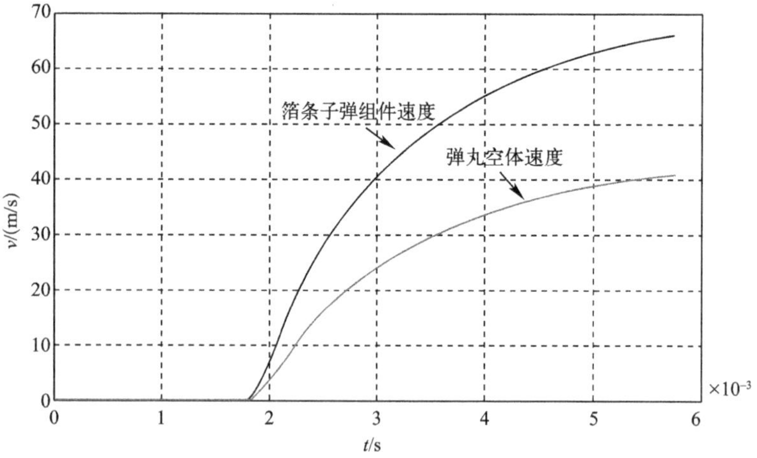

图 3.9　炮射箔条干扰弹抛射内弹道箔条子弹组件速度及弹丸空体速度随时间变化曲线图

原因是抛射箔条干扰弹动态抛射时抛射药产生的燃气仍对弹丸空体做功，使弹丸空体产生了反向 41.02m/s 的运动速度。

3. 空爆抛射过载分析

接下来进行炮射箔条干扰弹的空爆抛射过载分析。为了得到空爆抛射时加速度过载随时间变化的情况，利用多项式拟合的方法可分别得到箔条子弹组件和弹丸空体的加速度载荷随时间变化的关系式（方法同前），最终用曲线形式表示，如图 3.10 所示。

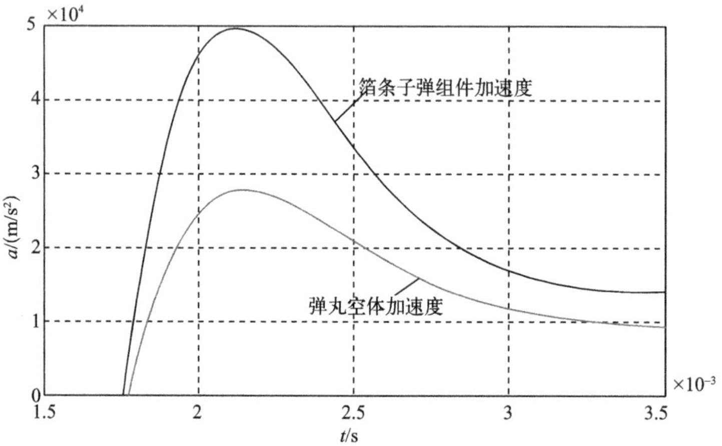

图 3.10　炮射箔条干扰弹抛射内弹道箔条子弹组件加速度及弹丸空体加速度随时间变化曲线图

由图 3.10 可以看出，炮射箔条干扰弹在空爆抛射时亦产生较高过载，在一级抛射阶段箔条子弹组件所承受过载最大峰值约 0.51 万 g，弹丸空体所承受过载最大峰值约 0.28 万 g，持续时间约 4ms，最大过载峰值在 2.3ms 左右，与最大压力点基本一致。

根据一级抛射内弹道仿真结果可知，炮射箔条干扰弹空爆开舱时，在开舱抛射火药气体压力下，弹体内部各装填零部件的加速度过载虽然比发射过载要低一些，但其所受到的是与发射时相反方向的惯性力和挤压力的作用，有些力对开舱机构产生影响可能会超过发射过载产生的影响。

通过抛撒内弹道仿真分析，可以较全面地掌握炮射箔条干扰弹在空爆开舱抛射时将承受的力和过载的大小、持续时间、变化情况等数据，对炮射箔条干扰弹的开舱机构抗过载强度设计具有指导作用。

3.2　炮射箔条干扰弹抗过载强度分析与设计

通过前面内容可知，某口径炮射箔条干扰弹在发射过程中将承受峰值达到 1.5 万 g 的短时高过载。在高过载的影响下，其弹丸零部件将会产生变形，这些变形应控制在容许范围内，以确保弹丸的安全发射和母弹开舱功能的有效作用。若变形超出容许值，则可能影响弹丸膛内的正确运行，或产生零部件破裂、变形等问题，这是弹丸设计中绝对不允许的。同时，在炮射箔条干扰弹空爆开舱时，在抛射火药气体压力下，各内部装填零部件受到与发射时相反方向的惯性力和挤压力的作用，使弹体内箔条子弹组件亦将受到与发射时相反的 0.51 万 g 的过载，若不进行抗过载设计则可能会影响开舱抛射机构的正常工作。因此，为确保炮射箔条干扰弹正常工作，必须进行抗过载强度分析与设计。

下面根据炮射箔条干扰弹的特点，借鉴弹药抗过载技术已有的研究成果，介绍炮射箔条干扰弹的抗过载方案设计与强度校核。

3.2.1　炮射箔条干扰弹抗过载总体设计

炮射箔条干扰弹的抗过载设计主要包括子母弹结构的弹丸抗过载设计和弹载器件（开舱抛射机构、箔条等）抗过载设计两个方面，而弹丸和弹载器件又都将承受发射过程中的过载和空爆开舱过载两个阶段的过载。在抗过载总体方案设计时，结构上的两大部分和过载的两个阶段均需考虑到。

3.2.1.1 弹丸抗过载分析与设计

在弹药设计中，弹丸尤其是子母弹结构弹丸的抗过载设计是一个重要环节，是弹药系统正常工作的基本前提。

关于弹丸的抗过载强度分析，国内外已有大量研究，得出了许多与工程实践相符的有用结论，且结论具有较高的一致性，在炮射箔条干扰弹设计时可以作为参考。已有研究成果的主要结论如下。

（1）弹丸发射过程中，最大应力集中在弹丸底部。

（2）弹丸的弹带位置也是发射时受应力较大的部位。

（3）对于后抛式子母弹来说，空爆开舱过程中最大应力集中在弹丸头部。

因为炮射箔条干扰弹弹丸（母弹）是在原制式弹基础上改装而来的，将原制式弹丸体削去弹丸底部部分和头部部分，并从弹丸内部将弹壁适当削薄；被削去的弹丸头部部分用头螺替换，头螺通过螺纹与母弹壳体连接；被削去的弹丸底部部分用底螺替换，底螺通过螺纹与母弹弹体连接。而原制式弹弹丸的抗过载能力是经过检验的，所以在弹丸的抗过载设计时其重点为改装的部位，即头螺、底螺和被削薄的弹体的抗过载设计。

接下来，根据炮射箔条干扰弹的结构特点，参考已有研究成果，结合外场试验结果，开展炮射箔条干扰弹弹丸抗过载设计，主要方法如下。

（1）由于发射时弹丸最大应力集中在弹丸底部，这就要求弹丸底部材料的强度必须大于弹丸底部所受的最大应力值。在炮射箔条干扰弹设计时弹底应选用高强度优质钢为材料，同时为了增加弹底的抗过载能力，弹底必须具有足够的厚度。

（2）由于弹丸的弹带部分也是发射时受应力较大的部位，且炮射箔条干扰弹弹体内部被削薄，故在弹带附近可能会出现强度不够而导致变形的现象，这就要求在设计时给予足够的重视。故在设计炮射箔条干扰弹时可以考虑将底螺伸入母弹壳体内，使弹带压在底螺上，这相当于在弹体的内部加了同弹体连为一体的加强筋，增强其抗过载强度。

（3）由于子母弹空爆开舱时，弹丸头部受力最大，这就要求弹丸头部的强度必须大于空爆时所受的最大应力值。为满足其转动惯量与制式弹的一致性要求，头螺采用了密度较小的铝制材料，因此头螺材料必须经过相应的热处理，以增加其强度。

3.2.1.2　弹载器件抗过载设计

信息化弹药弹丸发射过程和空爆开舱过程中均将受到很大的冲击载荷，会使弹载器件功能减弱、缺失甚至失效。弹载器件的抗过载设计是信息化弹药设计中的一大难点，也是制约各国信息化弹药快速发展的主要瓶颈之一。

随着国内信息化弹药的发展，钱立志教授等专家在弹载器件的抗过载技术研究方面已取得了大量成果，提出了弹载器件抗过载的多种途径。概括起来，常见的弹载器件抗过载途径如下。

（1）通过减小发射装药等方法减小发射内弹道的最大膛压等参数，以减小弹丸及弹载器件所受到的轴向加速度。

（2）通过增加隔振缓冲装置等手段改善弹载器件的受力环境，由于减振元部件具有储存和耗散能量的作用，可降低传递到弹载器件上的冲击，以减小高过载环境对关键器件的影响。

（3）通过选用高强度材料、精密加工弹载器件的关键部件，改善各主要部件的衔接关系，对易损坏部件进行封装固化，以提高弹载器件自身的抗高过载能力。

对于第一种途径，由于炮射箔条干扰弹要求利用现役舰炮发射并沿用原有射表，因此通过减小发射装药来改变内弹道特性的方式降低过载的方法不适合。对于第二种途径，虽然可以降低弹内组件载荷环境，但隔振系统将占用一定的弹丸内部空间，为了装填更多的箔条以提高干扰效果，不采用该方法。对于第三种途径，在美国已装备部队的“铜斑蛇”末制导炮弹和俄罗斯已经装备部队的“红土地”末制导炮弹的研制中，都进行了成功的尝试，可作为炮射箔条干扰弹的抗过载设计手段。

根据上述分析，炮射箔条干扰弹弹载器件抗过载设计将主要通过以下第三种途径完成。

（1）推板、箔条子弹筒等器件采用高强度材料或通过热处理增加强度，在合理的范围内并保留一定的冗余度，以提高器件自身的抗高过载能力。

（2）铝制箔条子弹筒外部可以考虑套一个高强度钢制的圆形支撑瓦，用以分担发射和空爆开舱时箔条子弹壳的受力。

（3）通过箔条子弹单独封装的方式对核心载荷箔条进行抗过载保护，箔条子弹内部采用箔条保护结构，以起到箔条的抗高过载设计。

上述对炮射箔条干扰弹弹丸及弹载器件的抗过载总体设计，可较好地实现炮射箔条干扰弹在高过载环境下正常工作。

在弹药设计过程中，为确保发射和开舱的安全性，强度计算与校核是一项必须开展的重要工作。在炮射箔条干扰弹抗过载强度设计时，需要根据弹丸和内部零部件受力情况分析，结合材料的力学特性，对其主要功能部件进行强度计算与校核，验证其强度是否满足要求。若强度不满足需求，则通过改进设计方案、材料优选或材料强度热处理等手段进行处理，使其满足强度上的要求。

下面将对弹壳、弹底和弹内零部件等主要功能部件进行强度计算和校核，以验证炮射箔条干扰弹的抗过载性能。

3.2.2 炮射箔条干扰弹弹壳抗过载强度分析与设计

3.2.2.1 弹壳抗过载强度分析

以某口径炮射箔条干扰弹为例，其母弹弹壳由削薄的原制式弹弹体外加头螺构成，为全面验证其壳体的强度，选择母弹的5个关键截面：1－1、2－2、3－3、4－4、5－5，如图3.11所示。

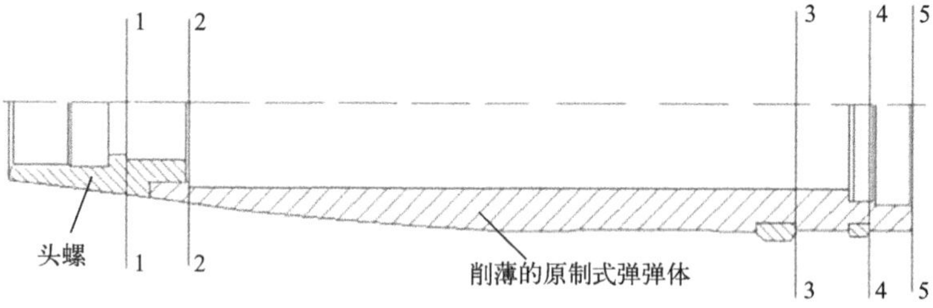

图3.11　弹壳强度计算关键截面选择

1. 发射强度分析

首先，进行炮射箔条干扰弹母弹弹壳的发射强度分析。计算发射强度时采用的火药气体压力称为计算压力，通常取计算压力为常温条件下平均最大膛压的1.1倍，即 $P=1.1P_{\mathrm{m}}$。

在分析母弹弹壳发射强度时，将弹壳看作只承受轴向惯性力作用。在轴向惯性力作用下，弹壳 $n-n$ 截面内的应力值为：

$$\sigma_n = -P\frac{R^2}{R_n^2-r_n^2}\frac{q_{Bn}}{q} \tag{3.2.1}$$

式中：负号表示压应力；P 为火药气体计算压力；R 为弹丸半径；q 为弹丸重量；

r_n 与 R_n 为弹壳在某计算截面处的内半径、外半径；q_{Bn} 为计算截面以上的弹壳联系重量（包括引信重量）。

子母弹弹壳的发射强度条件可写成：

$$\sigma_n / K_m \leqslant \sigma_s \tag{3.2.2}$$

式中：σ_s 为弹壳金属材料屈服点；K_m 为符合系数，$K_m = 1.2 \sim 1.4$。

通常情况下，弹壳底部与侧壁的连接处（弹带附近），即 3－3、4－4、5－5 截面，是发射时弹壳强度的薄弱环节。在炮射箔条干扰弹结构中，在 4－4、5－5 截面处弹壁上有内凹用于安装弹带，弹壁厚度相对更薄，有可能导致强度不够。

2. 空爆强度分析

接下来进行炮射箔条干扰弹母弹弹壳的空爆抛射强度分析。空爆抛射时，母弹弹壳受抛射火药气体内压力作用，其强度薄弱环节位于燃烧室周围，即 1－1 和 2－2 截面，应力值为：

$$\sigma_{pn} = \frac{\sqrt{3} R_n^2}{R_n^2 - r_n^2} P_p \tag{3.2.3}$$

式中：P_p 为抛射火药气体压力。

则空爆抛射强度条件为：

$$\sigma_{pn} \leqslant \sigma_s \tag{3.2.4}$$

在设计总体方案时，为了保证全弹转动惯量与原制式弹不变，头螺采用了质量较轻的铝制材料。而普通铝制材料的屈服强度一般较低，在空爆开舱的火药气体作用下，可能由于强度不够而受到损坏。

3.2.2.2　炮射箔条干扰弹弹壳抗过载强度校核与设计

弹药的抗过载强度校核，一般根据设计参数进行强度校核计算，并根据校核结果给出设计和材料选择相关要求。

与弹壳强度计算相关的炮射箔条干扰弹设计参数如表 3.5 所示，各计算截面结构尺寸与重量如表 3.6所示。

表 3.5　与弹壳强度计算相关的炮射箔条干扰弹设计参数

结构及装填参数	数值	单位	结构及装填参数	数值	单位
计算膛压 $P = 1.1P_m$	330.6 ×	MPa	抛射压力 P_p	82	MPa
弹丸重量 q	× ×	kg	弹丸半径 R	0.0 ×	m
弹壳内腔装填容积半径 r_T	0.0 × ×	m	弹壳金属材料屈服点 σ_s	588	MPa

表 3.6 各计算截面结构尺寸与重量

截面	截面以上弹体质量 q_{Bn}/kg	外半径 R_n/m	内半径 r_n/m
1－1	0. ××	0.0××	0.0××
2－2	×. ××	0.0××	0.0××
3－3	×. ××	0.0××	0.0××
4－4	×. ××	0.0××	0.0××
5－5	××. ××	0.0××	0.0××

由前面分析可知，与弹壳强度计算相关的炮射箔条干扰弹壳体截面 3－3、4－4、5－5 是弹壳发射强度的薄弱环节，而截面 1－1、2－2 是弹壳空爆强度的薄弱环节，均需要进行抗过载强度校核计算。

1. 发射强度校核与设计

将相关参数代入式（3.2.1），计算发射时截面 3－3、4－4、5－5 内的轴向应力：

$$\sigma_{n3} = -P\frac{R^2}{R_3^2 - r_3^2}\frac{q_{B3}}{q} = -426.74\text{MPa}$$

$$\sigma_{n4} = -P\frac{R^2}{R_4^2 - r_4^2}\frac{q_{B4}}{q} = -682.74\text{MPa}$$

$$\sigma_{n5} = -P\frac{R^2}{R_5^2 - r_5^2}\frac{q_{B5}}{q} = -623.01\text{MPa}$$

取 $K_m = 1.2$，则可得到 $\sigma_{n3}/K_m = 355.62\text{MPa}$，$\sigma_{n4}/K_m = 568.95\text{MPa}$，$\sigma_{n5}/K_m = 519.18\text{MPa}$，均满足式（3.2.2）的条件，即均小于原制式弹弹体金属材料屈服极限 $\sigma_s = 588\text{MPa}$，证明制式弹弹体削薄后仍能满足发射强度要求。但进一步分析可知，在截面 4－4、5－5 处所受到的应力已经接近弹体材料的屈服极限，通过初期的强度试验可知，弹带部位有轻微的变形但弹壳未破裂，说明在截面 4－4 和 5－5 处材料有部分点进入了塑形状态，可能存在强度不足的风险。因此，在炮射箔条干扰弹改进设计时，我们把弹底伸入弹壳内，让弹带部位弹体压在弹底上，这相当于弹体的内壁增加了同弹体连为一体的加强筋，这样可以保证弹壳的发射强度满足要求。

同理，可计算发射时截面 1－1、2－2 内的轴向应力：

$$\sigma_{n1} = -P\frac{R^2}{R_1^2 - r_1^2}\frac{q_{B1}}{q} = -111.8\text{MPa}$$

$$\sigma_{n2} = -P\frac{R^2}{R_2^2 - r_2^2}\frac{q_{B2}}{q} - 139.47\text{MPa}$$

通过对比可知，发射时截面 1 -1、2 -2 所受的应力值比截面 3 -3、4 -4、5 -5所受的压力值要小很多。因此，从发射抗过载强度要求来说，头螺可采用屈服强度相对较低的金属材料。这也从侧面说明，总体设计方案提出的为保证炮射箔条干扰弹全弹转动惯量不变，需减轻弹丸头部质量，应采用密度小但同时强度较弱的铝材制作头螺的方案，在满足发射强度要求方面是可行的。

2. 空爆强度校核与设计

将相关参数代入式（3.2.3），计算在抛射火药气体内压力作用下，弹壳截面 1 -1、2 -2 内的应力值：

$$\sigma_{pn1} = \frac{\sqrt{3}R_1^2}{R_1^2 - r_1^2}P_p = 318.09\text{MPa}$$

$$\sigma_{pn2} = \frac{\sqrt{3}R_2^2}{R_2^2 - r_2^2}P_p = 505.32\text{MPa}$$

对比发射时应力情况可知，空爆时截面 1 -1、2 -2 处所受应力值均比发射时受的应力值大。此时，截面 2 -2 处为原制式弹金属材料，屈服极限 σ_s = 588MPa，满足式（3.2.4）的要求，故截面 2 -2 处空爆抛射强度足够；但截面 1 -1处为铝制金属材料，一般情况下铝材的屈服极限较低（如普通铝材的 σ 为 220MPa 左右），若采用普通铝材则不能满足空爆抛射强度。因此，需对铝制头螺进行热处理，热处理后的铝制金属材料屈服极限必须大于 318.09MPa。综合考虑强度保险余量和热处理的成本，设计头螺时要求铝制头螺热处理后材料屈服极限大于 400MPa。经热处理后的铝制材料制作的头螺可同时满足发射和空爆时的强度要求。

3.2.3　炮射箔条干扰弹弹底抗过载强度分析与设计

3.2.3.1　弹底抗过载强度分析

弹底及其与弹壳的配合尺寸如图 3.12 所示。

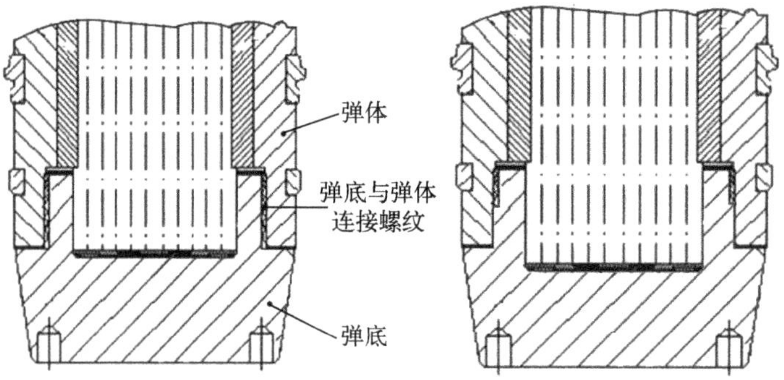

图 3.12　弹底及其与弹壳的配合尺寸

1. 弹底强度分析

弹丸发射时最大受力区之一为弹丸底部中心，即子母弹底螺（一般也称弹底）中心部位。发射时，在火药气体压力和内部装填物轴向惯性力作用下，弹底中心部件产生最大弯曲应力 σ_w，其值为：

$$\sigma_w = \frac{5\bar{P}_z r_{pj}^2}{4h^2} + P_c \tag{3.2.5}$$

弹底弯曲强度条件为：

$$\frac{\sigma_w}{K_m} \leqslant \sigma_s \tag{3.2.6}$$

同时，弹底圆周截面产生剪切应力 σ_τ，突缘环形端面 A 产生挤压应力 σ_j，其应力值与强度条件分别为：

$$\sigma_\tau = \frac{\bar{P}_z r_{pj}}{h_e + 2h_D} \leqslant [\tau] \tag{3.2.7}$$

$$\sigma_j = \frac{Pr_D^2 - P_c r_{pj}^2}{r_D^2 - r_{pj}^2} \leqslant [\sigma_j] \tag{3.2.8}$$

式（3.2.5）~式（3.2.8）中：r_D 为弹底突缘外半径；r_{pj} 为弹底突缘内半径（近似于配合螺纹平均半径）；h_D 为突缘厚度；h_e 为弹底螺纹长度；h 为弹底厚度；P_c 为内部装填物压力，$P_c = P\frac{R^2}{r_{pj}^2} \times \frac{q_c}{q}$；$\bar{P}_z$ 为轴向相当应力，$\bar{P}_z = P\left[1 - \frac{R^2}{r_{pj}^2} \times \frac{(q_n + q_c)}{q}\right]$；$K_m$ 为符合系数，$K_m \approx 1.5$；σ_s 为弹底金属材料屈服点；

$[\tau]$ 为许用剪切应力，金属材料 $[\tau] \approx \sigma_s/2$；$[\sigma_j]$ 为许用挤压应力，金属材料 $[\sigma_j] \approx 2\sigma_s$。

2. 弹底与弹壳连接螺纹强度分析

下面进行发射时子母弹底螺与弹壳连接螺纹强度分析。发射时，产生最大膛压瞬间弹底承受最大惯性力矩。若弹底在最大惯性力矩作用下不会相对弹体转动，结合螺纹也不被破坏，则说明弹底最大的螺纹连接强度足够。

弹底的最大惯性力矩用下式表达：

$$M_G = A_n a_j \tag{3.2.9}$$

式中：A_n 为弹底极转动惯量；a_j 为产生最大膛压瞬间弹底的加速度，$a_j = \dfrac{P\pi^2 Rg}{q\eta}$。

弹底与弹壳拧紧后，在发射产生最大膛压瞬间，弹底与弹壳间产生的摩擦力矩为：

$$M_m = \frac{2}{3} f_D \pi P \frac{(r_D^3 - r_{pj}^3)}{\left(1 - \dfrac{r_{pj}^2}{r_D^2}\right)} \tag{3.2.10}$$

式中：f_D 为摩擦系数，$f_D \approx 0.1$。

将 M_m 与 M_G 进行比较，如果 $M_m > M_G$，则发射时弹底不会相对弹壳转动。

同时，弹底与弹壳连接螺纹被拧坏的抗力为：

$$\theta = \pi r_{pj} h_e \tau_b \tag{3.2.11}$$

式中：τ_b 为剪切强度极限，一般金属材料 $\tau_b = \sigma_s$。因此：

$$\theta = \pi r_{pj} h_e \sigma_s \tag{3.2.12}$$

拧坏连接螺纹所需力矩可由下式求得：

$$M_H = \theta f_e \frac{r_D + r_{pj}}{2} + \theta r_{pj} \left(\frac{t + 2 f_e \pi r_{pj} / \cos\beta}{2\pi r_{pj} - f_e t / \cos\beta} \right) \tag{3.2.13}$$

式中：t 为螺距；β 为螺纹摩擦角，公制螺纹 $\beta = 30°$；f_e 为摩擦系数，$f_e \approx 0.1$。

将 M_H 与 M_G 进行比较，如果 $M_H > M_G$，则发射时弹底与弹壳的连接螺纹不会被拧坏，可以保证子母弹在发射和飞行过程中不出现掉弹底现象。

3.2.3.2　炮射箔条干扰弹弹底抗过载强度校核与设计

将上述强度分析与计算方法应用于炮射箔条干扰弹母弹弹底强度校核计算中。与弹底强度计算相关的炮射箔条干扰弹设计参数如表 3.7 所示。

表 3.7　与弹底强度计算相关的炮射箔条干扰弹设计参数

结构及装填参数	数值	单位	结构及装填参数	数值	单位
计算膛压 $P=1.1P_m$	330.6	MPa	抛射压力 P_p	82	MPa
弹丸重量 q	××	kg	弹丸半径 R	0.0××	m
弹壳内腔装填容积半径 r_T	0.0××	m	弹底厚度 h	0.0××	m
突缘厚度 h_D	0.0××	m	突缘外半径 r_D	0.0××	m
突缘内半径（螺纹平均半径）r_{pj}	0.0××	m	弹底螺纹长度 h_e	0.00×	m
弹底重量 q_n	×.×××	kg	内部装填物重量 q_c	×.×××	kg
火炮膛线缠度 η	××		弹底金属材料屈服点 σ_s	560	MPa
弹底极转动惯量 A_n	0.00××××	kg · m²	螺距 t	0.00××	m

1. 弹底强度校核计算

预先计算内部装填物轴向惯性压力 P_c 和轴向相当应力 $\bar{P}_z$，有：

$$P_c=P\frac{R^2}{r_{pj}^2}\times\frac{q_c}{q}=130.58\text{MPa}$$

$$\bar{P}_z=P\left[1-\frac{R^2}{r_{pj}^2}\times\frac{(q_n+q_c)}{q}\right]=105.21\text{MPa}$$

进一步计算弹底中心部位产生最大弯曲应力 σ_w、弹底 $n-n$ 周围截面产生剪切应力 σ_τ 和突缘环形断面产生挤压应力 σ_j：

$$\sigma_w=\frac{5\bar{P}_z r_{pj}^2}{4h^2}+P_c=512.69\text{Mpa}$$

$$\sigma_\tau=\frac{\bar{P}_z r_{pj}}{h_e+2h_D}=49.32\text{MPa}$$

$$\sigma_j=\frac{Pr_D^2-P_c r_{pj}^2}{r_D^2-r_{pj}^2}=942.66\text{MPa}$$

计算结果分析：

$$\frac{\sigma_w}{K_m}=\frac{512.69}{1.5}=341.79\text{MPa}<\sigma_s=560\text{MPa}$$

$$\sigma_\tau=49.32\text{MPa}<\frac{\sigma_s}{2}=280\text{MPa}$$

$$\sigma_j=942.66\text{MPa}<2\sigma_s=1120\text{MPa}$$

即满足式（3.2.6）、式（3.2.7）和式（3.2.8）的要求，说明采用屈服极限为 560MPa 的金属材料制作弹底，弹底发射强度可以得到保证。

2. 弹底与弹壳螺纹连接强度校核计算

（1）弹底最大惯性力矩：

$$M_G = A_n a_j = A_n \frac{P\pi^2 Rg}{q\eta} = 3162.5\mathrm{N \cdot m}$$

（2）摩擦力矩：

$$M_m = \frac{2}{3} f_D \pi P \frac{(r_D^3 - r_{pj}^3)}{\left(1 - \frac{r_{pj}^2}{r_D^2}\right)} = 7751.3\mathrm{N \cdot m}$$

（3）拧坏螺纹所需力矩：

$$M_H = \theta f_e \frac{r_D + r_{pj}}{2} + \theta r_{pj} \left(\frac{t + 2 f_e \pi r_{pj} / \cos\beta}{2\pi r_{pj} - f_e t / \cos\beta} \right) = 0.028674\theta$$

由上述计算结果可知 $M_m > M_G$，说明所设计的炮射箔条干扰弹发射时在弹丸高转速影响下，弹底不会相对弹壳转动，且仅与弹底结构设计参数相关，与弹底所选择的材料无关。

同时，为了保证发射时弹底的连接螺纹不会被拧坏，要求满足 $M_H > M_G$，计算得到弹底螺纹的抗拧坏力 θ 值不得低于 110291，那么对于暂定选用屈服极限为 560MPa 的钢质材料制作的弹底来说，螺纹长度不得小于 0.0017m。在设计炮射箔条干扰弹时，结合弹底空爆开舱要求，最终选定底螺螺纹长度为 0.004m，强度满足要求。

同时，炮射箔条干扰弹头螺亦采用螺纹与弹体连接，还需验证头螺螺纹的可靠连接问题，方法与底螺的可靠连接相同，此外不再赘述。

3.2.4　炮射箔条干扰弹内部零部件抗过载强度分析与设计

3.2.4.1　内部零部件抗过载强度分析

炮射箔条干扰弹内部零部件包括箔条子弹、推板、支撑瓦等，上述零部件在发射和空爆时在各种载荷的作用下，需要进行验证强度能否满足要求。

1. 箔条子弹壳体强度分析

发射弹丸时，箔条子弹的底部受力最大，而箔条子弹壳壁在空爆开舱时受力最大。

1）壳壁强度

箔条子弹在空爆开舱时，子弹壳壁受抛射燃气压力作用，其应力值为：

$$\sigma_{kb}=\frac{P_p r_T^2}{r_{k2}^2-r_{k1}^2} \tag{3.2.14}$$

式中：P_p 为抛射压力；r_T 为弹体内腔半径；r_{k1}、r_{k2}为箔条子弹壳壁内径、外径。

由于箔条子弹内装填有箔条、子弹内推板和半环形卡环，改善了壳壁的抗压强度，因此箔条子弹壳体的强度条件可为：

$$m_{k1}\sigma_{kb}\leqslant\sigma_b \tag{3.2.15}$$

式中：m_{k1}为修正系数，$m_{k1}\approx 0.85$；σ_b 为箔条子弹壳体金属材料屈服极限。

2）子弹壳底强度

研究箔条子弹壳体底部受力与变形时，可近似将壳底视为一块受均布载荷作用的圆板，同时受壳壁对壳底变形的限制力矩作用，则在子弹壳体底部中心处产生最大弯曲应力，其值为：

$$\sigma_{kd}=\frac{3\,\bar{p}_k r_{k1}^2}{8h_{kD}^2}\ (3+\mu-2k) \tag{3.2.16}$$

由于金属材料泊桑系数$\mu=1/3$，故上式可写为：

$$\sigma_{kd}=\frac{3\,\bar{p}_k r_{k1}^2}{4h_{kD}^2}\left(\frac{5}{3}-k\right) \tag{3.2.17}$$

式中：$\bar{p}_k$ 为均布载荷，$\bar{p}_k=p\frac{R^2}{r_{k1}^2}\frac{(m_{kD}+m_w)}{m}$，$m_{kD}$为箔条子弹壳底部质量，$m_w$ 为作用在子弹壳底部的箔条子弹内部装填物质量，$m_w\approx\frac{1}{3}\omega_n$（$\omega_n$ 为内部装填物质量）；k 为子弹壳底底部与壳壁联系系数，$k=\frac{1}{1+0.4\left(\frac{h_{kD}}{r_{k2}-r_{k1}}\right)^3}$。

由于箔条子弹底部和外部支撑瓦的支撑作用可以较大地提高箔条子弹底部强度，因此，子弹壳体底部强度条件可写成：

$$m_{k2}\sigma_{kw}\leqslant\sigma_s \tag{3.2.18}$$

式中：m_{k2}为修正系数，$m_{k2}\approx 0.18$；σ_s 为箔条子弹壳体金属材料屈服极限。

2. 推板强度分析

炮射箔条干扰弹推板在空爆开舱时受力最大。在抛射燃气压力作用下，推板的受力状况可简化为边缘支撑的均匀载荷作用。

忽略推板中心的传火孔的影响，空爆开舱时在推板中心部位产生最大弯曲应力。推板的强度条件为：

$$\sigma_{tw} = k_t \frac{5P_p r_t^2}{4h_t^2} \leqslant \sigma_b \tag{3.2.19}$$

式中：r_t 为推板半径；h_t 为推板厚度；k_t 为符合系数，$k_t \approx 0.3$；σ_b 为推板金属材料的强度极限。

3. 支撑瓦强度分析

支撑瓦在炮射箔条干扰弹发射时或空爆开舱时均可能出现最大受力状态。因此，支撑瓦的强度计算主要是根据支撑瓦受轴向惯性力或挤压力作用，并考虑截面惯性矩及支撑瓦长度等不同因素的影响，进行综合修正确立的。当支撑瓦长度值 $h_{yt} \leqslant 2\ (2r_{ytz})$ 时，弹丸发射和空爆开舱瞬间，瓦体内的应力值可用下式计算：

$$\sigma_{yt1} = \frac{PR^2 m_{Bt}}{k_{yt}\ (r_{yt2}^2 - r_{yt1}^2)\ m} \tag{3.2.20}$$

$$\sigma_{yt2} = \frac{P_p r_T^2}{k_{yt}\ (r_{yt2}^2 - r_{yt1}^2)} \tag{3.2.21}$$

强度条件为：

$$\sigma_{yt1} \leqslant 2\sigma_s \text{ 且 } \sigma_{yt2} \leqslant 2\sigma_s \tag{3.2.22}$$

式中：σ_{yt1} 为弹丸发射时支撑瓦的应力值；σ_{yt2} 为弹丸空爆开舱时支撑瓦的应力值；m_{Bt} 为作用在支撑瓦上的零件质量；r_{yt1}、r_{yt2} 为支撑瓦的内半径、外半径；h_{yt} 为支撑瓦的高度；k_{yt} 为符合系数，圆筒瓦 $k_{yt} = 1$，半圆瓦 $k_{yt} \approx 0.85$，三等分筒 $k_{yt} \approx 0.7$；σ_s 为支撑瓦金属材料的屈服极限。

3.2.4.2　炮射箔条干扰弹内部零部件抗过载强度校核与设计

将上述强度分析与计算方法应用于炮射箔条干扰弹内部零部件强度校核计算中。炮射箔条干扰弹及内部零部件设计参数如表 3.8 所示。接下来分别计算箔条子弹、推板、支撑瓦和防旋键的强度是否满足抗过载强度要求，并提出材料选择和加工相关设计要求。

表 3.8 炮射箔条干扰弹及内部零部件设计参数

结构及装填参数	数值	单位	结构及装填参数	数值	单位
计算膛压 $P=1.1P_m$	330.6	MPa	抛射压力 P_p	82	MPa
弹丸重量 q	××	kg	弹丸半径 R	0.0××	m
推板厚度 h_t	0.00×	m	推板半径 r_t	0.0×××	m
推板金属材料屈服极限 σ_{bt}	1200	MPa	作用在支撑瓦上的零件质量 m_{Bt}	0. ×××	kg
支撑瓦内半径 r_{yt1}	0.0××	m	支撑瓦外半径 r_{yt2}	0. ××	m
支撑瓦的高度 h_{yt}	0. ××	m	支撑瓦金属材料屈服极限 σ_{bw}	860	MPa
保护键质量 m_J	0.0××	kg	支撑瓦质量 m_W	×. ×	kg
箔条子弹质量 m_Z	×. ×	kg	保护键回转半径 r_J	0.0××	m
支撑瓦回转半径 r_W	0.0××	m	箔条子弹半径 r_Z	0.0××	m
火炮膛线缠度 η	××		弹丸内腔装填容积半径 r_T	0.0××	m
箔条子弹受挤压面积 S_Z	0.0000××	m^2	保护键受挤压面积 S_J	0.000×	m^2
箔条子弹在防旋键部位剪切面积 S_Z	0.000×	m^2	保护键受剪面积 S_J	0.000×	m^2
保护键金属材料屈服点 σ_{sj}	530	MPa	箔条子弹壳壁内半径 r_{k1}	0.0×××	m
箔条子弹壳壁外半径 r_{k2}	0.0××	m	箔条子弹壁体金属材料屈服点 σ_{sz}	400	MPa
箔条子弹壳底金属材料屈服点 σ_{sz}	400	MPa	箔条子弹壳底质量 m_{kd}	0.0×	kg
箔条子弹内部装填物质量 m_{zw}	×. ××	kg	箔条子弹壳底厚度 h_{kd}	0.00×	m

1. 箔条子弹壳体强度校核计算

发射时箔条子弹底部受力最大，而箔条子弹壳壁在空爆开舱时受力最大。下面分别计算发射时箔条子弹壳底强度和空爆开舱时箔条子弹壳壁的强度是否满足要求。

1）子弹壳底强度

研究箔条子弹壳体底部受力与变形时，可近似将壳底视为一块受均布载荷作用的圆板，同时受壳壁对壳底变形的限制力矩作用，则在子弹壳体底部中心处产生最大弯曲应力，其值为：

$$\sigma_{kd}=\frac{3\bar{p}_k r_{k1}^2}{8h_{kD}^2}(3+\mu-2k)=1440.5\mathrm{MPa}$$

初步判断，由于 $\sigma_{kw}>\sigma_{sz}$，则箔条子弹壳底不能满足发射强度要求。但由于箔条子弹底部受母弹弹底的支撑作用，可以较大地提高箔条子弹底部强度，因此，子弹壳体底部强度条件可写成：

$$m_{k2}\sigma_{kw} \leqslant \sigma_{sz}$$

取 $m_{k2}=0.18$，则 $m_{k2}\sigma_{kw}=259.3\text{MPa}$，小于箔条子弹壳体金属材料屈服极限 σ_{sz}，在母弹弹底的辅助作用下，满足箔条子弹弹底强度发射过载强度要求。

2）壳壁强度

箔条子弹在空爆开舱时，子弹壳壁受抛射燃气作用，其应力值为：

$$\sigma_{kb}=\frac{P_p r_T^2}{r_{k2}^2-r_{k1}^2}=557.04\text{MPa}$$

由于箔条子弹内装填有箔条、子弹内推板和半环形卡环，改善了壳壁的抗压强度，因此箔条子弹壳体的强度条件为：

$$m_{k1}\sigma_{kb} \leqslant \sigma_{sz}$$

取 $m_{k1}\approx 0.85$，则 $m_{k1}\sigma_{kb}=392.48\text{MPa}$，略小于箔条子弹壳体金属材料屈服极限 σ_{sz}，刚刚满足箔条子弹壁壳抗过载强度要求。为了确保箔条子弹壳壁强度，设计炮射箔条干扰弹时，在箔条子弹外套了一个支撑瓦，使箔条子弹在空爆开舱时不直接承受抛射火药气体的压力作用，进一步保证箔条子弹壳壁强度满足空爆过载强度要求。

2. 推板强度校核计算

空爆开舱时，推板中心部位产生的最大弯曲应力为：

$$\sigma_{tw}=k_t\frac{5P_p r_t^2}{4h_t^2}=957.42\text{MPa}$$

炮射箔条干扰弹的推板采用50钢板冲制，经淬火处理，强度极限 $\sigma_b \geqslant 1200\text{MPa}$，满足 $\sigma_{tw}<\sigma_b$。因此，经淬火处理，钢制推板满足抗过载强度要求。

3. 支撑瓦强度校核计算

支撑瓦受力可能以发射时为最大，也可能以空爆开舱抛射时为最大。因此，下面分别计算发射时和空爆开舱抛射时支撑瓦所受的应力值。

发射时支撑瓦所承受的应力值为：

$$\sigma_{yt1}=\frac{PR^2 m_{Bt}}{k_{yt}(r_{yt2}^2-r_{yt1}^2)m}=190.14\text{MPa}$$

空爆开舱抛射时支撑瓦所承受的应力值为：

$$\sigma_{yt2} = \frac{P_p r_T^2}{k_{yt}(r_{yt2}^2 - r_{yt1}^2)} = 557.04\text{MPa}$$

对比计算结果可知，σ_{yt1}与σ_{yt2}均小于$2\sigma_s$，所以支撑瓦有足够强度，能同时满足发射时和空爆开舱抛射时的抗过载强度要求。同时，从计算结果可以看出，炮射箔条干扰弹的支撑瓦受力最大为空爆开舱抛射时，发射时由于作用在支撑瓦上的零部件质量轻而受力较小，因此支撑瓦主要起到空爆开舱抛射时保护箔条子弹和推开弹底螺纹的作用。

3.3 炮射箔条干扰弹强度验证试验

为了验证炮射箔条干扰弹的抗过载强度设计是否满足强度要求，一般需要在靶场进行强度试验，主要验证炮射箔条干扰弹的发射强度是否满足要求，空爆强度问题将在后续结合静态和动态开舱试验进行讲解。

3.3.1 试验方法

随机选取按总体设计方案加工、装配完成的炮射箔条干扰弹原理验证样机6发，进行发射强度试验；试验中，炮射箔条干扰弹不开舱；同时为了便于回收，每发弹加装了阻力帽（阻力帽的质量与引信相同）。发射后，测量炮口初速，在预定落点设置观察哨并回收弹丸，检测回收弹丸的变形量，然后拆解弹丸，检验母弹内零部件和箔条子弹的完好性。

3.3.2 试验结果及分析

在强度试验中实际发射6发，共回收5发。回收后通过初步观察可知，强度试验的弹丸外观完好，除阻力帽因在着地时与地面碰撞发生变形外，弹体其他部位均无明显变形。

接下来，分别检测回收弹丸的上定心、下定心、圆柱体和弹带下4个部位，对比发射前相关数据可知，强度试验回收弹丸仅有微弱的变形。变形范围在技术允许范围内，说明弹丸壳体及弹底强度满足要求。

进一步，将弹丸拆解后观察发现，母弹内部零部件结构完好；箔条子弹外观完好、结构完整，没有任何变形；导火机构和保护键条无变形。这说明炮射箔条干扰弹内部零部件及箔条子弹的强度满足要求。

同时，空爆开舱时，母弹及箔条子弹的抗过载强度将在后续章节中的静态开舱和动态开舱试验部分进行验证。

第 4 章

炮射箔条干扰弹箔条抛撒技术及 RCS 预估方法

箔条能否在预定高度、预定距离上可靠抛撒并快速散开是影响炮射箔条干扰弹作战效能的关键因素之一，而在设计炮射箔条干扰弹时怎样采用箔条子弹单独封装形式对箔条进行抗过载保护，受到封装保护的箔条如何实现二次抛撒，以及箔条抛撒后如何快速散开是炮射箔条干扰弹开舱抛撒方案设计需解决的关键问题。另外，抛撒所形成箔条云 RCS 特性等是在设计箔条干扰弹时的关键指标之一，需要通过相应的方法进行预估或测量，为相关技术改进和作战使用提供依据。

本章首先介绍炮射箔条干扰弹开舱抛撒方案设计，以实现箔条在高过载环境下的可靠开舱抛撒；在此基础上，针对弹丸在空中飞行时具有极高转速和较高线性存速的特点，介绍箔条快速散开方法，以实现箔条抛撒后的快速散开；其次，为了掌握炮射箔条干扰弹布放所形成箔条云的雷达散射特性是否满足干扰要求，介绍炮射箔条干扰弹 RCS 预估方法；最后，介绍靶场静态和动态开舱试验方法。

4.1 炮射箔条干扰弹开舱抛撒方案设计

4.1.1 活塞式开舱抛撒技术简介

我国对子母弹的研究从 20 世纪 60 年代开始，到 20 世纪 80 年代得到了快速发展。子母弹作为一种现代高科技复杂武器系统，涉及许多关键技术，开舱抛撒技术是其中之一，国内外许多学者开展了相关技术研究。子母弹的开舱抛撒是指母弹飞行到空中预定位置点后，按照事先规划和安排，先完成母弹运载器开舱，然后将功能子弹从运载器壳体中分离出来，并使子弹具有一定抛撒速度和运动姿态的过程。

子母弹开舱抛撒技术是炮射箔条干扰弹的核心技术之一，包括母弹开舱技术和子弹抛撒技术两方面。其中常见的母弹开舱方式有剪切螺纹或剪断连接鞘开舱、壳体穿晶断裂开舱、爆炸螺栓开舱、组合切割索开舱、径向应力波开舱等。常见的抛撒方式有活塞式抛撒、惯性动能抛撒、机械力分离抛撒、燃气囊式抛撒、中心爆管抛撒、子弹气动力抛撒等。

其中，活塞式抛撒机构可以获得较高的子弹抛速和可控的抛撒散布，且可降低子弹在抛撒过程中的冲击，使其受力较理想，因此比较适合用于在载荷抗过载能力受限的炮射箔条干扰弹子弹抛撒。子母弹活塞式抛撒机构根据其结构特点可分为单室燃烧和双室燃烧两种形式，下面就子母弹活塞式抛撒技术做简要介绍。

4.1.1.1　单室燃烧抛撒机构

单室燃烧抛撒机构的特征是气缸体内只有一个燃烧室，结构上主要由抛撒药、供抛撒药燃烧的燃烧室、起到气密作用的气缸和可推动的活塞等组成。工作时，抛撒药在燃烧室内燃烧，并产生高温高压的火药气体，当燃烧室内压力迅速增大到某一压力时，推动活塞和功能子弹一块运动，使功能子弹脱离母弹运载器。其示意图如图 4.1 所示。

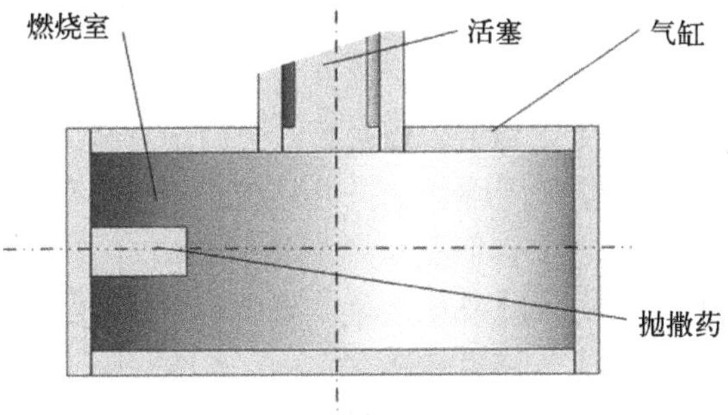

图 4.1　单室燃烧抛撒机构示意图

在单室燃烧抛撒机构中，若选用黑火药或发射药等作为抛撒药，由于其燃速快，初始会产生过高的峰值压力，使子弹在初始时刻受到较大过载；若选用推进剂等作为抛撒药，由于其燃速较慢，不会产生过高的峰值压力，功能子弹的受力情况会比较理想，但由于活塞运动的问题将导致燃速变得更慢，会产生抛撒药燃烧剩余的问题。因此，对单室燃烧抛撒机构来说，对抛撒药的燃速和火药形状的选择均比较严格。

4.1.1.2 双室燃烧抛撒机构

双室燃烧抛撒机构的特征是气缸体内有高压、低压两个燃烧室，结构上主要由气缸、活塞、高压室、低压室、限流喷孔等组成。其工作原理为抛撒药先在高压室内燃烧，当压力升到某一预设值时，限流喷孔打开，燃气流入低压室；当低压室内火药气体压力积累到另一预设值时，推动活塞和子弹一起运动，使功能子弹脱离母弹运载器。其示意图如图 4.2 所示。

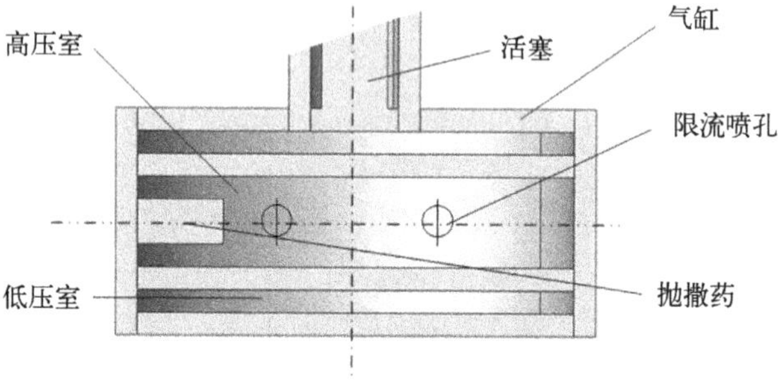

图 4.2　双室燃烧抛撒机构示意图

在双室燃烧抛撒机构中，因为采用了高压室、低压室和限流喷孔的设计方案，可使抛撒药在高压室内快速燃烧，燃气通过限流喷孔缓慢地进入低压室。其优点是：低压室内的压力变化稳定，且初始时间的压力峰值要比单室燃烧抛撒机构低，再利用低压室推动功能子弹运动，可使功能子弹承受较低的冲击；而且燃烧比较充分不会出现剩药现象。但双室燃烧抛撒机构结构较复杂，体积相对大，重量也较大，因此在工程实现时要重点考虑简化结构的问题。

4.1.2 炮射箔条干扰弹开舱抛撒总体方案设计

4.1.2.1 母弹开舱方式选定

根据总体方案可知，在火炮发射子母弹上常用剪切螺纹的母弹开舱方式。其开舱原理为：时间引信在预定位置点动作，点燃抛撒药盒内的抛撒药；抛撒药燃烧产生高温高压的火药气体，推动推板和支撑瓦等开舱机构往弹丸头部运动，将头螺螺纹剪断，实现前抛式开舱；亦可向弹底运动，剪断底螺螺纹，实现后抛式开舱。炮射箔条干扰弹利用舰炮发射，比较适合选用剪切螺纹开舱方式实现母弹开舱。

同时，在开舱方案设计时，选定炮射箔条干扰弹开舱方向为后抛开舱，这主要是由炮射箔条干扰弹战术使用背景和弹丸外弹道特点决定的，具体原因如下。

（1）舰炮属于线膛火炮，线膛火炮发射的子母弹一般选用尾抛式开舱结构方案，这类子母弹结构简单，作用可靠，容易取得较好的开舱抛撒效果。

（2）后抛式开舱结构方案更有利于炮射箔条干扰弹的效能发挥。炮射箔条干扰弹作战使用时有两种基本作战样式：一种作战样式是高空布放箔条云，以实现对预警机的干扰；另一种作战样式是在近海平面低空布放箔条云，以实现对导弹或导弹发射平台雷达的干扰。在第一种作战样式下，箔条云的布放高度在 2000 ~ 3000m 的高空，开舱点位置的精确性要求不高。而在第二种作战样式下，箔条云的布放高度一般距离海平面高度不大于 500m，开舱准确性要求严格，且多数在弹丸飞行外弹道的下降段开舱，此时弹丸运动方向为倾斜向下，且倾角较大。若采用头部开舱方式，则箔条子弹及箔条在开舱后，除弹丸存速外还要叠加上开舱抛射速度，会使箔条产生一个较高的下降初速，使箔条云形成位置不可控因素增加，而且会缩短箔条云的留空时间。而若采用弹丸底部开舱的后抛方式开舱，一方面可以利用开舱时箔条子弹向后运动的速度抵消部分弹丸存速，以便更好地控制箔条云的布放位置；另一方面在下降段开舱时，可以利用箔条的后抛趋势，减小箔条的下降初速，以延长箔条云的留空时间。

因此，炮射箔条干扰弹最好选用剪切弹底螺纹后抛式的母弹开舱方案。

4.1.2.2　箔条抛撒方式选定

1. 箔条的一级抛撒方式选定

由于活塞式抛撒机构可降低子弹在抛撒过程中的冲击，使其受力较理想，比较适合子弹强度受限的子母弹开舱抛撒。但是，采用单室燃烧抛撒机构对火药的燃速及选型的设计要求比较严格，燃速过快可能产生较高的初速压力峰值，燃速过慢则容易出现火药剩余问题；采用双室燃烧抛撒机构时，子弹的受力和火药的选型设计都比较好，但其不足之处是结构复杂、重量和体积大。

炮射箔条干扰弹的核心载荷（箔条）抗过载能力差，要求开舱抛撒箔条位置点准确、散布误差小，因此，炮射箔条干扰弹的弹丸采用火药燃烧规律可控和抛撒过程过载相对较低的活塞推动抛撒形式实现箔条子弹的一级抛撒。又由于炮射箔条干扰弹的母弹采用后抛式开舱方案，燃烧室位于头螺内，头螺内部空间较小，因此设计双室燃烧抛撒机构不太现实，设计成单室燃烧相对容易，且可靠性高。同时通过一级抛撒火药的选择及合理控制燃烧速度等方式，可以实现箔条子弹的可控、低过载开舱抛撒。另外，可以考虑利用推板中间导火孔的泄流作用部分缓减初始压力峰值。

2. 箔条的二级抛撒方式选定

炮射箔条干扰弹真正起干扰作用的是开舱抛撒后所形成的箔条云，其抛撒效果将直接影响全弹作战性能。根据弹丸设计方案可知，炮射箔条干扰弹中的箔条以箔条子弹单独封装的方式进行抗过载保护，因此在完成母弹一级开舱抛撒箔条子弹的同时还需完成箔条子弹内箔条块的二级抛撒。而箔条块的抗过载能力极弱，故箔条干扰子弹内箔条块的抛撒方式同样优先选择活塞式抛撒的方式。

4.1.3 两级连动活塞式开舱抛撒机构设计

接下来，根据选定的炮射箔条干扰弹开舱抛撒总体设计方案，介绍两级连动活塞式开舱抛撒机构的总体设计。

4.1.3.1 两级连动活塞式开舱抛撒机构的总体设计

炮射箔条干扰弹两级连动活塞式开舱抛撒机构由一级活塞式抛撒机构、一二级传火机构、二级活塞式抛撒机构组成。其工作流程为：由时间引信控制开舱时间，时间引信动作后点燃一级抛撒火药，启动一级活塞式抛撒机构工作，以实现箔条干扰子弹的抛射；与此同时，一二级传火机构实现一级抛撒火药与二级抛撒火药间的可靠传火，并引燃二级抛撒火药；二级抛撒火药点燃后启动二级活塞式抛撒机构工作，实现对箔条干扰子弹内的箔条抛撒；箔条抛撒后利用弹丸的高速旋转和弹道风形成稳定的箔条云。炮射箔条干扰弹两级连动活塞式抛撒机构工作流程如图 4.3 所示。

4.1.3.2 两级连动活塞式开舱抛撒机构详细设计

1. 一级活塞式抛撒机构方案设计

一级活塞式抛撒机构由母弹的零部件构成，其三维设计图如图 4.4 所示，主要包括弹体、头螺、底螺、支撑瓦、一级抛撒药盒、推板、保护键、保护垫等。

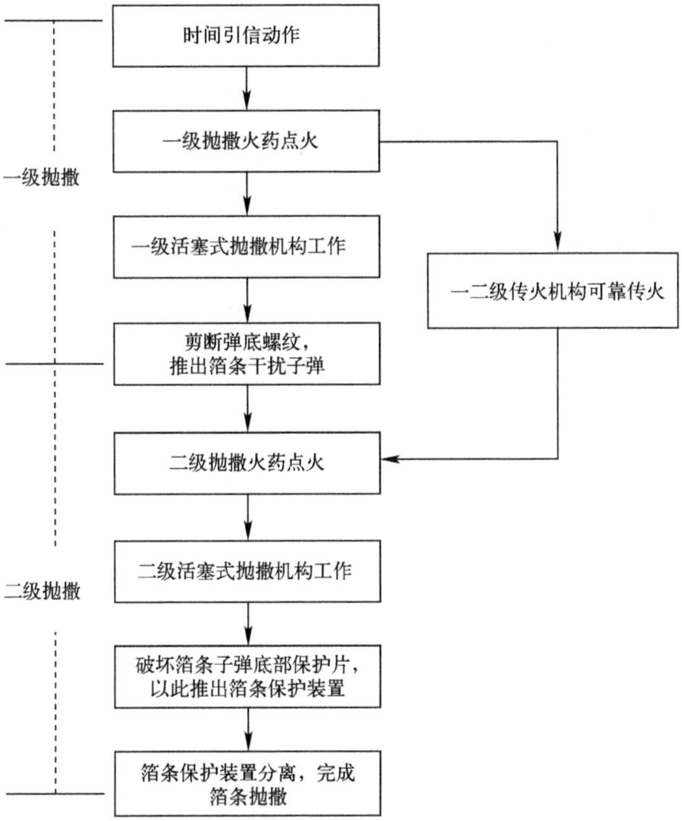

图 4.3　炮射箔条干扰弹两级连动活塞式抛撒机构工作流程

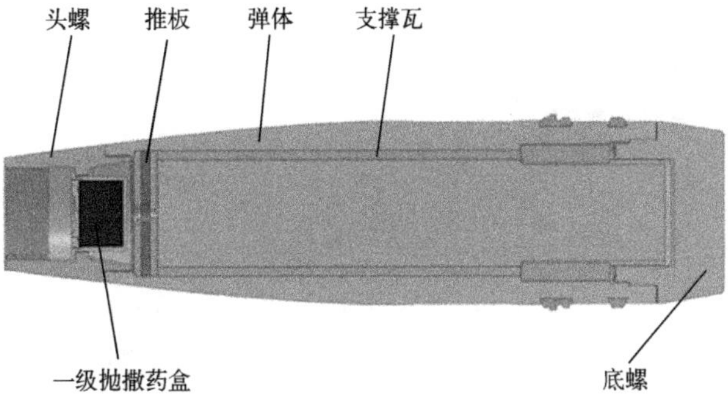

图 4.4　一级活塞式抛撒机构三维设计图

整个母弹构成一个活塞式抛撒机构，实现箔条子弹的一级抛撒功能，具体如下。

弹体由某口径制式榴弹弹丸改造而来，从头部和底部各削去一部分，以此作为炮射箔条干扰弹母弹的弹体；头螺位于母弹的最顶部，与弹体通过螺纹相连。底螺位于母弹的最底部，与弹体通过螺纹相连，底螺螺纹所能承受的剪切力有限，当炮射箔条干扰弹母弹内火药气体的压力达到一定值时可被剪断。上述部件构成了炮射箔条干扰弹弹丸外部主体。

一级抛撒药盒位于头螺内部，头螺与弹体密闭连接后的头螺与推板间的空余空间构成燃烧室。支撑瓦采用高强度钢质材料加工而成，是一个内空圆柱体（或一个圆柱均匀切分成 3 片），套在弹体里面。由于箔条子弹较轻，为保证全弹与制式弹质量一致，支撑瓦的壁厚可根据箔条子弹的质量而调整。推板位于一级抛撒药盒和支撑瓦之间，推板采用高强度钢质材料加工而成，确保在承受抛撒火药燃烧产生的高压气体的压力下不变形。箔条子弹处于推板、弹底和支撑瓦构成的内部空间内。防旋键条卡于支撑瓦与弹体之间，防止支撑瓦和箔条子弹在弹丸发射和空中飞行时发生相对旋转。上述零部件为弹丸内部实现可靠开舱的相应功能部件。

一级活塞式抛撒机构的工作原理为：炮射箔条干扰弹弹丸到达外弹道预定开舱点后，时间引信动作启动一级活塞式抛撒机构开始工作，点燃一级抛撒药盒内的火药，火药在头螺与推板之间的弹体内部空间燃烧，使其内压力迅速增大。当压力达到足以剪断底螺螺纹时，推动推板和支撑瓦，剪断底螺螺纹，底螺脱落使内装的箔条子弹被推出母弹，实现一级抛撒。一级活塞式抛撒机构开舱示意图如图 4. 5 所示，其工作原理图如图 4. 6 所示。

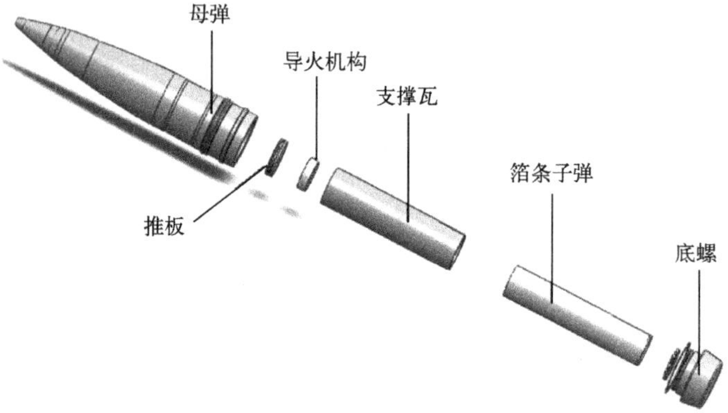

图 4. 5　一级活塞式抛撒机构开舱示意图

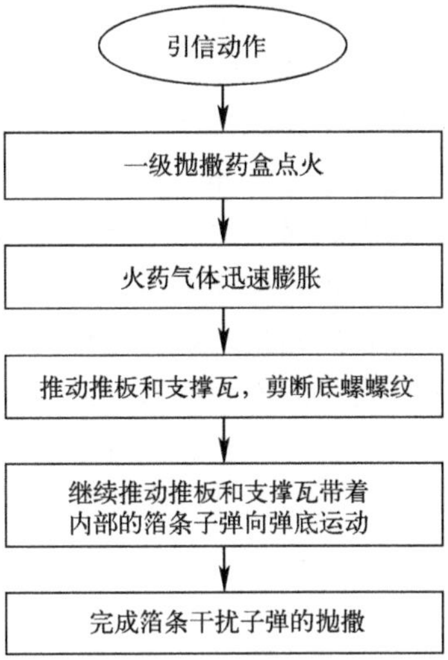

图 4.6　一级活塞式抛撒机构开舱工作原理图

2. 二级活塞式抛撒机构设计方案

二级活塞式抛撒机构由箔条干扰子弹零部件构成，其三维设计图如图 4.7 所示，主要包括二级抛撒药盒、箔条子弹筒、箔条子弹内推板和箔条及保护装置。整个箔条子弹构成一个活塞式抛撒机构，实现箔条的二级抛撒功能。

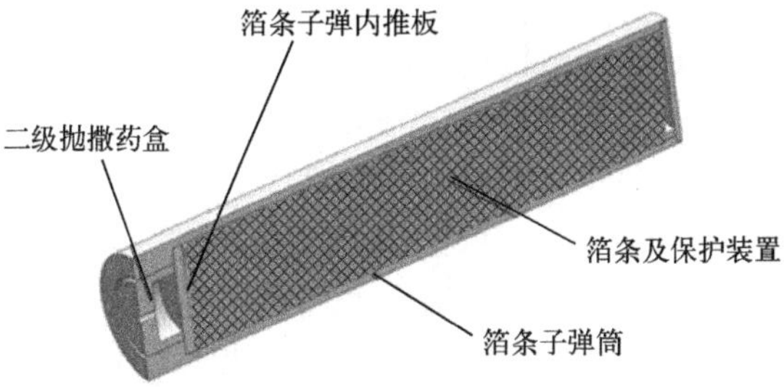

图 4.7　二级活塞式抛撒机构三维设计图

其中，箔条子弹筒为中空圆柱形，采用铝制材料制作，构成箔条子弹的外部主体，其顶部有短圆柱体内凹，用于安装二级抛撒药盒，其靠近底部外部两侧有两条凹槽，用于与母弹的防旋键条相扣。二级抛撒药盒位于最顶部，被装到箔条子弹筒顶部的内凹处，与箔条子弹筒通过螺纹相连。

同时，为实现对箔条的抗过载保护，箔条子弹筒内装有箔条及保护装置，且根据箔条的长度而定，根据箔条配方将不同长度的箔条分别装在相应高度的箔条保护装置内，起到对箔条的抗高过载保护。

二级活塞式抛撒机构的基本工作原理是：炮射箔条干扰弹发射后，一级抛撒药盒内的火药燃烧后产生的高温高压气体经导火机构传火点燃二级抛撒药盒内的火药；二级抛撒药盒内的火药燃烧后迅速产生高温高压气体，推动箔条子弹筒内的箔条子弹内推板和箔条保护装置，破坏箔条子弹筒底部保护片；破坏保护片后火药气体继续推动箔条保护装置向箔条子弹筒底部运动，当某一个箔条保护装置被推出箔条子弹筒后保护装置快速分离并抛撒出箔条，实现箔条的二级抛撒。箔条抛撒后利用弹丸的高速旋转和弹道风迅速散开形成箔条云。二级活塞式抛撒机构开舱示意图如图 4. 8 所示，其工作原理如图 4. 9 所示。

图 4. 8　二级活塞式抛撒机构开舱示意图

该两级连动活塞式开舱抛撒机构可以实现炮射箔条干扰弹可靠开舱，并实现关键载荷箔条的有效抛撒。方案设计中充分考虑了舰炮在发射过程中的高过载和高转速对活塞式抛撒机构和箔条的影响，具有以下优点。

（1）对箔条进行单独封装，起到了对箔条的保护作用。炮射箔条干扰弹的核心载荷为箔条丝，高过载和高转速对箔条丝的抗过载提出很高的要求，如果处理不当，极易造成箔条丝缠绕、打结等现象。采用箔条子弹内箔条保护装置对箔条进行单独封装，对箔条起到了有效的保护。

（2）利用二级活塞式抛撒机构，解决了箔条抛撒受支撑瓦遮挡的问题。活塞式抛撒机构一般通过推板推动支撑瓦实现对底螺螺纹的解切，若只采用一级活塞式抛撒机构，一方面箔条丝得不到有效保护，另一方面也会因支撑瓦随箔条一起被推出母弹，箔条散开时因受支撑瓦的遮挡而极大地影响散开效率。

（3）采用箔条子弹与二级活塞式抛撒机构的一体化设计，便于箔条子弹设计和全弹装配。

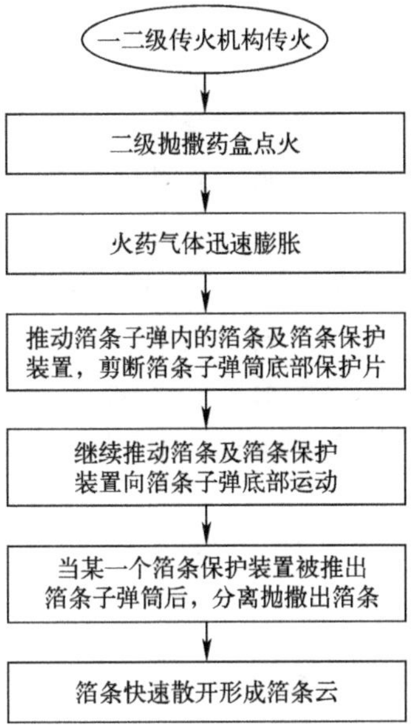

图 4.9　二级活塞式抛撒机构开舱工作原理图

4.1.4　开舱抛撒火药量计算

炮射箔条干扰弹是利用抛撒火药燃烧产生的高温高压气体实现母弹和箔条子弹的开舱抛撒功能。为了保证可靠开舱，必须使抛射药燃烧后产生的推力足以剪断母弹弹底螺纹或破坏箔条子弹壳底保护片；在母弹开舱时，还要保证头螺螺纹的可靠连接，防止头螺出现脱落或破裂现象使内部压力被泄而导致开舱失败。由于箔条子弹底部采用保护片形式封装，开舱所需火药量小，也相对容易确定，本节重点介绍母弹的一级开舱抛撒所需药量计算问题。

4.1.4.1　开舱抛撒火药量的确定方法

抛撒火药的药量根据开舱机构结构设计、材料机械性能等理论计算出的最小抛撒药量和最大抛撒药量，先选定一个初始药量，并根据外场静态和动态开舱试验最终确定抛撒火药量。方法如下。

1. 根据理论计算最小抛撒药量和最大抛撒药量

首先，计算剪断底螺螺纹所需的最小抛撒药量。底螺螺纹剪断所需的剪切力

（连接螺纹的抗剪强度）为：

$$\theta_1 = 2\pi r_{pj1} h_{e1} \tau_{s1} \tag{4.1.1}$$

式中：r_{pj1}为弹底突缘内半径（近似于配合螺纹平均半径）；h_{e1}为弹底螺纹长度；$\pi r_{pj1} h_{e1}$为底螺螺纹剪切面积；τ_{s1}为弹底金属材料许用剪切应力，$\tau_{s1} \approx 1/2\sigma_{s1}$，$\sigma_{s1}$为弹底金属材料屈服点。

空抛作用时，抛撒火药气体产生传递给底螺的剪切力为：

$$F_1 = P_p \pi r_T^2 \tag{4.1.2}$$

式中：P_p 为抛撒压力；r_T 为圆形推板半径；πr_T^2 为推板面积。
则弹底与弹壳连接螺纹被可靠剪断的强度条件为：

$$F_1 > \theta_1 \tag{4.1.3}$$

以及抛撒药在燃烧室燃烧后产生的压力为：

$$P_p = \frac{xf\omega_1}{V} \tag{4.1.4}$$

式中：V 为燃室容积；x 为热损失系数；f 为所选择抛撒火药的火药力；ω_1 为最小抛射火药药量。

综合式（4.1.1）~式（4.1.4），有：

$$\omega_1 \geqslant \frac{2r_{pj1} h_{e1} \tau_{s1} V}{r_T^2 xf} \tag{4.1.5}$$

其次，计算保证头螺螺纹可靠连接的最大抛撒药量。头螺螺纹剪断所需的剪切力（连接螺纹的抗剪强度）为：

$$\theta_2 = 2\pi r_{pj2} h_{e2} \tau_{s2} \tag{4.1.6}$$

式中：r_{pj2}为头螺配合螺纹平均半径；h_{e2}为头螺螺纹长度；$\pi r_{pj2} h_{e2}$为头螺螺纹剪切面积；τ_{s2}为头螺金属材料许用剪切应力，$\tau_{s2} \approx 1/2\sigma_{s2}$，$\sigma_{s2}$为头螺金属材料屈服点。

空抛作用时，抛撒火药气体产生对头螺的剪切力为：

$$F_2 = P_p S_t \tag{4.1.7}$$

式中：P_p 为抛撒压力；S_t 为火药气体作用在头螺上的面积，$S_t = S_p + S_z$，其中，S_p 为头螺内部平面部分面积，S_z 为头螺内部锥面部分的等效面积。
则头螺与弹壳连接螺纹可靠连接的强度条件为：

$$F_2 < \theta_2 \tag{4.1.8}$$

以及抛撒药在燃烧室燃烧后产生的压力为：

$$P_p = \frac{xf\omega_2}{V} \tag{4.1.9}$$

式中：V 为燃室容积；x 为热损失系数；f 为所选择抛撒火药的火药力；ω_2 为最大抛射火药药量。

综合式（4.1.6）~式（4.1.9），有：

$$\omega_2 \leqslant \frac{2\pi r_{pj2} h_{e2} \tau_{s2} V}{(S_p + S_z) x f} \tag{4.1.10}$$

2. 初步选定抛撒药量

在确定抛撒药量时，既要使其燃烧产生的高温高压火药气体可推动活塞式抛撒机构剪断底螺螺纹，即抛撒药量 $\omega_{抛撒}$ 应大于 ω_1，又要确保其产生的火药气体压力不会太大而破坏头螺与弹体的可靠连接，即抛撒药量 $\omega_{抛撒}$ 小于 ω_2。也就是说，三者之间存在下述关系：$\omega_1 < \omega_{抛撒} < \omega_2$。综合考虑弹体内各零部件摩擦及热损失的影响，初步选定抛撒药量为：

$$\omega_{抛撒} = \frac{\omega_1 + \omega_2}{2} \tag{4.1.11}$$

同时，考虑到确保底螺螺纹要被可靠剪断，在选择药量时，应有一定的裕量 f_{id}（$f_{id} = 1.5$），即 $\omega_3 = f_{id}\omega_1 = 1.5\omega_1$。因此，选定抛撒药量 $\omega_{抛撒}$ 时，还需要将 $\omega_{抛撒}$ 与 ω_3 相比较。当 $\omega_{抛撒} > \omega_3$ 时，则抛撒药量不变；当 $\omega_{抛撒} < \omega_3$ 时，则调整抛撒药量，使其满足 $\omega_{抛撒} > \omega_3$。

3. 外场试验最终确定抛撒药量

在初步选定抛撒药量后，还应结合静态开舱试验和动态开舱试验结果进行验证和微调，最终确定抛撒火药的药量。

4.1.4.2　炮射箔条干扰弹母弹开舱抛撒火药量的确定

接下来介绍如何根据上述方法确定炮射箔条干扰弹一级抛撒火药量，以实现母弹的可靠开舱。与抛撒药量计算相关的炮射箔条干扰弹母弹（一级活塞式抛撒机构）设计参数如表 4.1 所示。

表 4.1　与抛撒药量计算相关的炮射箔条干扰弹母弹设计参数

结构及装填参数	数值	单位	结构及装填参数	数值	单位
抛撒药火药力 f	1150	kJ/kg	推板半径 r_T	0.0×××	m
弹底突缘内半径 r_{pj1}	0.0×××	m	弹底螺纹长度 h_{e1}	0.00×	m
弹底金属材料屈服点 σ_{s1}	565	MPa	头螺内部平面部分面积 S_p	0.000×	m^2
头螺内部锥面部分的等效面积 S_z	0.000××	m^2	头螺螺纹长度 h_{e2}	0.00××	m

续表

结构及装填参数	数值	单位	结构及装填参数	数值	单位
头螺金属材料屈服点 σ_{s2}	450	MPa	头螺螺纹半径 r_{pj2}	0.00×××	m
燃烧室容积	××.×××$\times 10^{-6}$	m^3			

首先，根据式（4.1.5）计算剪断底螺螺纹所需的最小抛撒药量：

$$\omega_1 = \frac{2r_{pj1}h_{e1}\tau_{s1}V}{r_T^2 xf} = 3.18\text{g}$$

其次，根据式（4.1.10）计算保证头螺螺纹可靠连接的最大抛撒药量：

$$\omega_2 = \frac{2\pi r_{pj2}h_{e2}\tau_{s2}V}{(S_p + S_z)xf} = 11.8\text{g}$$

在确定抛撒药量时，既要使其产生的高温高压火药气体可推动活塞式抛撒机构剪断底螺螺纹，又要确保其产生的火药气体压力不会太大而破坏头螺与弹体的可靠连接。综合考虑弹体内各零部件摩擦及热损失的影响，初步选定抛撒药量为：

$$\omega_{抛撒} = \frac{\omega_1 + \omega_2}{2} = 7.49\text{g}$$

同时，考虑到确保底螺螺纹要被可靠剪断，在选择药量时，应有一定的裕量 f_{id}（$f_{id} = 1.5$），即 $\omega_3 = f_{id}\omega_1 = 1.5\omega_1$。因此，选定抛撒药量 $\omega_{抛撒}$ 时，还需要将 $\omega_{抛撒}$ 与 ω_3 相比较。当 $\omega_{抛撒} > \omega_3$ 时，则抛撒药量不变；当 $\omega_{抛撒} < \omega_3$ 时，则调整抛撒药量，使其满足 $\omega_{抛撒} > \omega_3$。

$$\omega_3 = 1.5\omega_1 = 4.78\text{g}$$

由于 $\omega_{抛撒} > \omega_3$，初步选定抛撒药量不变，即 $\omega_{抛撒} = \frac{\omega_1 + \omega_2}{2} = 7.51\text{g}$。

最后，结合试验确定最终抛撒火药量。为了方便引信动作后点燃抛撒药，还将在抛撒药中加入少量（约 3g）的黑火药作为引燃药，并结合外场静抛试验最终选定抛撒药为樟枪药 9g、黑火药 3g。

4.2 基于弹丸高速旋转的箔条快速散开技术

4.1 节重点介绍了开舱抛撒方案设计和抛撒药量的确定等问题，实现了炮射箔条干扰弹箔条的可靠开舱抛撒。本节将讨论箔条抛撒后如何实现快速散开，以满足战术和技术性能要求。

在利用箔条对抗雷达，尤其是导弹末制导雷达时，要使箔条散开快，以在短时间内达到较大的雷达截面。目前，常用的箔条抛撒方式有一次引爆式抛撒、箔条干扰火箭抛撒、箔条射流投放器抛撒等。不管采用何种抛撒方式，关键点是要设法尽可能提高箔条的出口速度，增加流动雷诺数，使箔条快速散开。下面介绍一种基于弹丸高旋转和高线性存速实现箔条快速散开的新方法。

4.2.1　基于弹丸高旋转和高线性存速的箔条快速散开方法

箔条快速散开，在较短时间内达到较大的雷达反射截面积，起到散射作用，这是利用箔条对雷达实施干扰的关键指标之一。例如，随着雷达技术的高速发展，对箔条弹的散开时间特性提出了更高的要求，毫米波段箔条弹的散开时间要求已达到 0.1 ~0.2s。传统箔条干扰一般采用射流或引爆的方式实现箔条的快速扩散，在具体使用方法上，根据使用平台和战术要求选择相应的投放方式，通过给箔条施加动能，使箔条快速散开。

一种高速旋转飞行器的箔条抛撒及快速散开方法具体如下：以高速旋转飞行器为载体，采用飞行器底部开舱的形式，内部掏空形成圆柱形内空，内空中整齐排列圆柱形包装箔条束，在飞行轨迹的某一开舱点利用活塞式抛撒机构将箔条推出以实现箔条抛撒。开舱瞬间，飞行器在高速飞行时，以自身纵轴线为中心高速旋转，在飞行器底部开舱的同时，箔条束沿轴线方向被快速推出，此时箔条由于旋转的离心力作用，在没有外力束缚的情况下向四周扩散，同时仍沿飞行器飞行方向向前扩散。基于高速旋转飞行器的箔条抛撒机构示意图如图 4.10 所示。

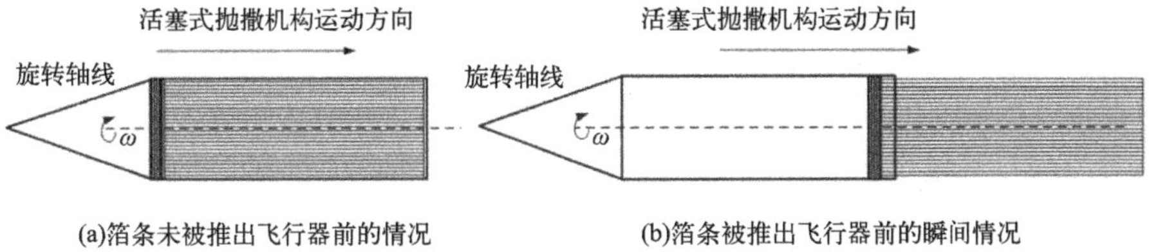

图 4.10　基于高速旋转飞行器的箔条抛撒机构示意图

中大口径舰炮弹丸发射后在外弹道具有极高的转速，如弹丸出炮口时转速可达到 18000r/min，整个外弹道弹丸转速一般均大于 12000r/min，弹丸的高速旋转和高线性存速可实现箔条快速散开。

炮射箔条干扰弹在母弹开舱前，箔条子弹因防旋键和紧贴弹底的保护片的作用，使箔条子弹随弹丸一起运动，即箔条子弹继承了弹丸的运动特性。在母弹一级开舱瞬间，箔条子弹具有与弹丸相同的直线速度和旋转角速度；由于传火机构的传火时间和箔条子弹的二级开舱时间均很短（毫秒级），因此几乎在母弹一级开舱的同时，箔条子弹完成二次开舱抛撒动作。也就是说，箔条子弹在二级开舱抛撒箔条时，几乎具有与母弹相同的旋转角速度，而线性速度由于开舱火药力的作用有所改变，但变化不大，具体可由前面介绍的空爆抛撒内弹道仿真结果得出。因此，炮射箔条干扰弹的箔条快速散开方法是：由于箔条子弹对弹丸高转速和高线性速度的继承性，使箔条子弹具有高转速和高线性存速，从而实现箔条快速散开。具体如下。

箔条子弹内为分层结构，由多个箔条保护装置叠加组合而成，箔条装在箔条保护装置内，当某一个箔条保护装置被推出箔条子弹筒后，箔条保护装置分离，抛撒出箔条。由于箔条子弹继承了弹丸高速旋转和高线性存速的特性，以及箔条因箔条子弹旋转的离心力作用，在没有外力束缚的情况下向四周扩散，同时仍沿子弹飞行方向前扩散。箔条子弹抛撒箔条示意图如图 4. 11 所示。

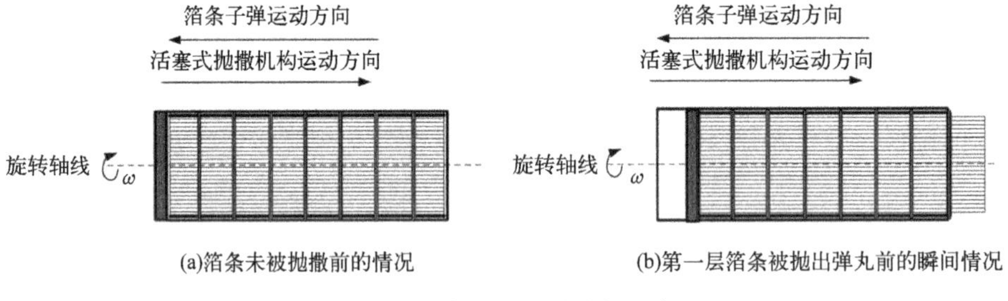

图 4. 11　箔条子弹抛撒箔条示意图

下面重点就箔条脱离外力束缚后的运动情况建模分析、箔条的空中受力情况和抛撒后的快速散开特性展开介绍。

4. 2. 2　二级开舱箔条抛撒建模

假设箔条为细长圆柱体，则其特征尺度有两个：箔条长度 l 和箔条横截面直径 d，一般 $d \leqslant l$。对处于某一姿态的箔条，假定箔条的纵轴与速度的夹角（亦称为攻角）为 α，来流的速度为 $\boldsymbol{v}$，选定箔条的中心点作为坐标系原点，建立直角坐标系，如图 4. 12 所示。

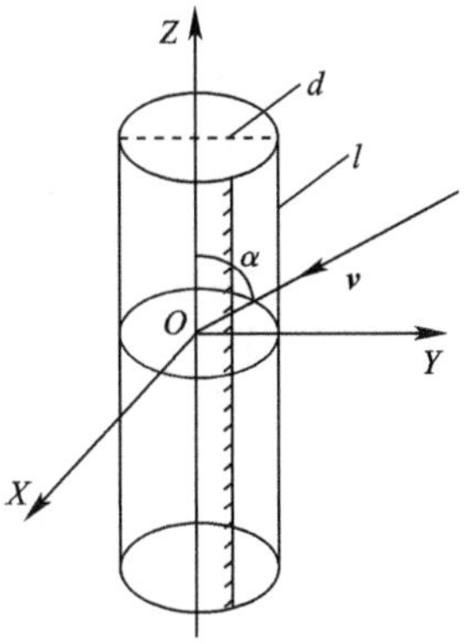

图4.12　箔条直角坐标系

根据流体力学原理，运动物体在流体中所受的阻力为：

$$\boldsymbol{W} = \rho l d \boldsymbol{v}^2 f(\alpha, R) \tag{4.2.1}$$

式中：ρ 为空气密度；l 为箔条的长度；d 为箔条的直径；$\boldsymbol{v}$ 为箔条的速度；α 为速度 $\boldsymbol{v}$ 与箔条长度 l 的夹角；f（α，R）为无量纲量的 α 和 R 的函数，一般由试验确定，R 为雷诺数，$R=\rho l\boldsymbol{v}/\mu$，$\mu$ 为流体的黏性系数。

已有的理论研究和试验数据表明，流体的黏性作用在大雷诺数环境下会减小，而装载在高速旋转弹丸内的箔条在抛撒前具有与其弹丸相同的角速度和线性存速。箔条抛撒后除具有较高的直线速度外，还受旋转离心力的作用而使其具有极高的切向直线速度，雷诺数较高，可忽略黏性力的作用，于是式（4.2.1）变为：

$$\boldsymbol{W} = \rho l d \boldsymbol{v}^2 f(\alpha) \tag{4.2.2}$$

当速度 $\boldsymbol{v}$ 的方向一定时，因为箔条在空中任意翻滚，设箔条在空中均匀取向，即箔条取向角在整个立体空间内服从均匀分布，则 f（α）可通过理论推导得到：

$$f(\alpha) = m_f \sin\alpha = \frac{\rho_a d g}{\rho \boldsymbol{v}_b^2} \sin\alpha \tag{4.2.3}$$

式中：m_f 为箔条的质量；g 为重力加速度；ρ_a 为箔条的密度；$\boldsymbol{v}_b$ 为箔条趋于稳定时均匀下降的速度。又由于箔条质量很小，在箔条被抛撒瞬间空气阻力远远大于重力，可以忽略重力对箔条速度的影响，认为箔条被抛撒时所受的作用力主要是空气阻力。因此箔条在抛撒后极短时间内所受的作用力为：

$$\boldsymbol{F} = \boldsymbol{W} = \rho l d \boldsymbol{v}^2 f(\alpha) = \rho l d \boldsymbol{v}^2 \frac{\rho_a d g}{\rho \boldsymbol{v}_b^2} \sin\alpha \tag{4.2.4}$$

接下来，根据箔条的空中受力情况建立炮射箔条干扰弹的扩散模型。箔条被包装在箔条子弹内随箔条子弹运动，当某一层箔条未被完全推出箔条子弹前，仍具有与箔条子弹相同的线性速度和角速度；当箔条被完全推出箔条子弹后，由于惯性作用，箔条沿箔条子弹飞行方向向前扩散，同时由于旋转的离心力作用，箔条沿箔条子弹圆形外壳切线方向快速散开，实现箔条的抛撒。

为便于分析，建立类似弹丸坐标系的箔条子弹直角坐标系，具体以箔条子弹底部纵向剖面为 XOY 平面，剖面圆心位置为坐标系原点，以箔条子弹的旋转轴线为 Z 轴，从箔条子弹头部指向箔条子弹底部方向为 Z 轴正向，并根据“右手定则”确定 X 轴与 Y 轴的正向，如图 4.13 所示。

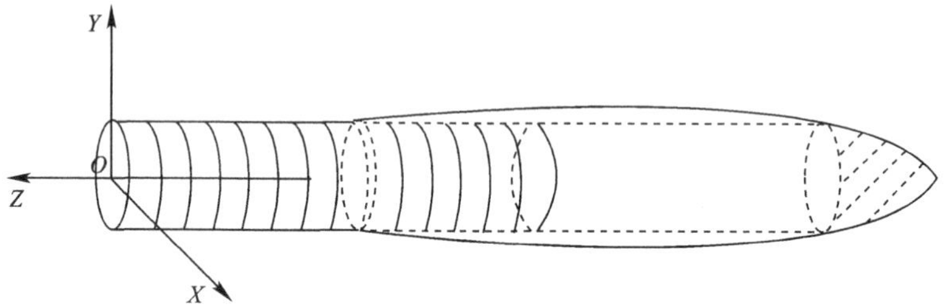

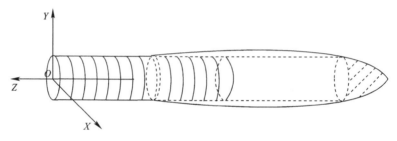

图 4.13　箔条子弹直角坐标系

选中任意一根箔条，根据其受力和运动情况，建立箔条散开后任意 t 时刻的位置运动模型。基本思路如下：首先建立箔条子弹内任意一根箔条在箔条子弹底剖面 XOY 平面的二维坐标系中的运动模型，然后建立箔条沿 Z 轴方向上的运动模型，最后综合得到箔条抛撒后的运动模型。

4.2.2.1　箔条在沿垂直箔条子弹中轴线的 XOY 平面内的运动情况分析

设子弹内某一根箔条与箔条子弹底 XOY 平面垂直相交于 M 点，离坐标原点的距离为 D，与 X 轴的夹角为 α，如图 4.14 所示，则该箔条散开前在 XOY 平面内的位置坐标可表示为

$$\begin{cases} X' = D\cos\alpha \\ Y' = D\sin\alpha \end{cases} \quad \alpha \in (0,2\pi) \tag{4.2.5}$$

如图 4.14（a）所示，假设箔条子弹内某一根箔条丝位于箔条子弹直角坐标系 XOY 平面的第一象限，且箔条抛撒瞬间箔条子弹的旋转角速度为 ω，箔条因受离心作用将沿 M 点的切线方向运动。若假设该箔条在此期间的直线运动距离为 S，则在箔条抛撒 t 时刻后的位置在 XOY 平面的投影为：

$$\begin{cases} X = X' + S_x = D\cos\alpha + S\sin\alpha \\ Y = Y' + S_y = D\sin\alpha + S\cos\alpha \end{cases} \tag{4.2.6}$$

关键是如何根据箔条受力求解箔条在此 XOY 平面内沿切线的运动距离(S)。假设大气是稳定的，也就是说大气湍流和风的影响较小时，可得到：

$$\boldsymbol{W} = \rho l d \boldsymbol{v}^2 f(\alpha) = m_f \frac{\mathrm{d}\boldsymbol{v}}{\mathrm{d}t} \tag{4.2.7}$$

解式（4.2.7），可得到箔条沿切线方向的运动速度随时间变化的表达式：

$$v(t) = \frac{m_f v_0}{m_f + \rho l d v_0 f(\alpha) t} \tag{4.2.8}$$

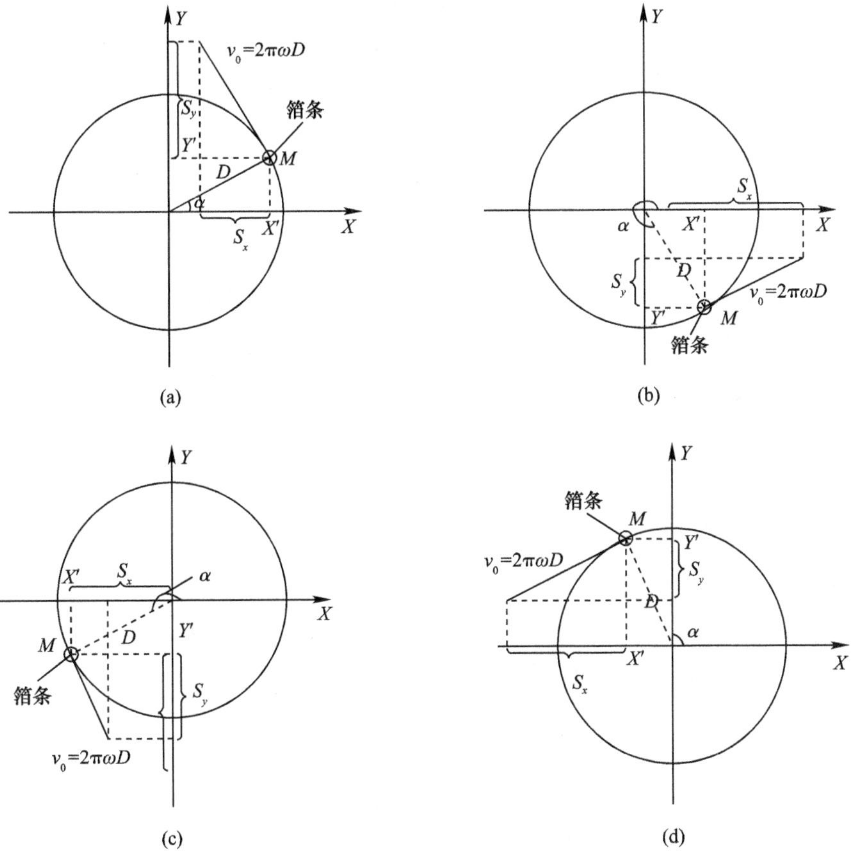

图 4.14　箔条分别位于不同象限的运动示意图

其运动距离随时间变化的表达式为：

$$S(t) = \frac{m_f}{\rho l d f(\alpha)} \ln\left[1 + \frac{\rho l d v_0 f(\alpha)}{m_f} t\right] \tag{4.2.9}$$

式中：v_0 为箔条的切向初速，$v_0 = 2\pi D\omega$。

将式（4.2.9）代入式（4.2.6），可得：

$$\begin{cases} X = D\cos\alpha + \dfrac{m_f}{\rho l d f(\alpha)} \ln\left[1 + \dfrac{\rho l d v_0 f(\alpha)}{m_f} t\right] \sin\alpha \\ Y = D\sin\alpha + \dfrac{m_f}{\rho l d f(\alpha)} \ln\left[1 + \dfrac{\rho l d v_0 f(\alpha)}{m_f} t\right] \cos\alpha \end{cases} \tag{4.2.10}$$

由式（4.2.10）可求得箔条束中箔条初始位置在箔条子弹直角坐标系第一象限时，经过 t 时刻后的箔条运动所产生位移在 XOY 平面的投影值。

同理，可求得箔条初始位置处于第二、三、四象限时的箔条位移在 XOY 平面的投影值。

4.2.2.2 箔条在沿箔条子弹 Z 轴方向上的运动情况分析

箔条在 Z 轴方向上的运动受箔条被抛撒瞬间箔条子弹速度和箔条子弹内箔条的二级抛撒速度共同影响，箔条子弹速度又由一级开舱抛撒瞬间弹丸存速和抛撒后箔条子弹速度共同决定；而箔条子弹内箔条的二级抛撒速度相对于箔条子弹速度来说要小得多，故可忽略不计。假设开舱抛撒瞬间弹丸线性存速为 v_d，抛撒后箔条子弹速度为 v_b，则箔条 t 时刻在 Z 轴上的位移为：

$$Z = d_z = \frac{m_f}{\rho l d f(\alpha)} \ln\left[1 + \frac{\rho l d (v_d - v_b) f(\alpha)}{m_f} t\right] \tag{4.2.11}$$

综合式（4.2.10）和式（4.2.11），即可得到炮射箔条干扰弹的任意一根箔条丝在任意时刻 t 的位置。

4.2.3 二级开舱箔条抛撒仿真与分析

假设箔条子弹内的箔条在排列距离上和角度上均满足均匀分布且相互独立的条件，弹丸中空内径为 0.1m，箔条子弹内径为 0.065m，开舱瞬间弹丸直线存速为 400m/s，根据 3.2.3 节仿真结果换算到箔条子弹线性存速为 333m/s，暂不考虑开舱动作所需时间和开舱后箔条抛撒扩散期间所受的弹道风影响，分别以旋转角速度 100r/s、200r/s、300r/s 和 400r/s 进行仿真计算，仿真步长为 0.01s。

通过 MATLAB 仿真，可得到箔条在抛撒后任意时刻的扩散情况仿真图。如图 4. 15 所示为根据下列条件所得到的炮射箔条干扰弹箔条扩散仿真图：箔条子弹内径 0. 065m、箔条长度 14mm、箔条直径 30μm、根数 1000 根、箔条子弹线性存速 333m/s、旋转转速 220r/s、从 0 时刻开始经历 20 个仿真步长。

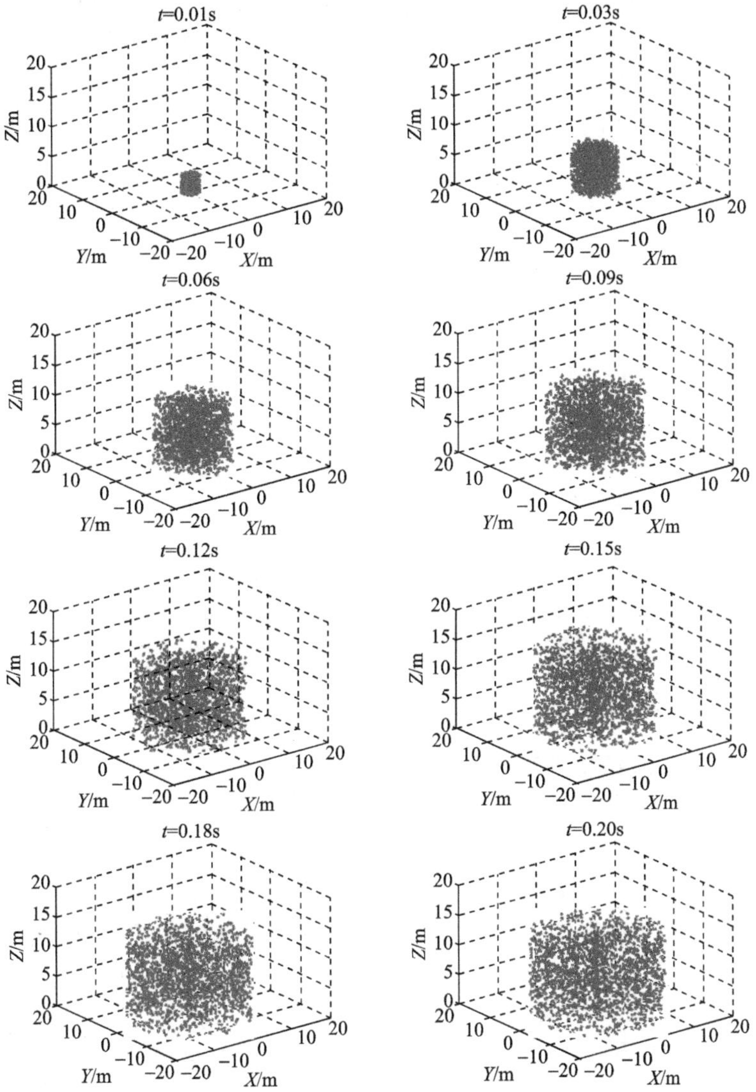

图 4. 15　炮射箔条干扰弹箔条扩散仿真图

由图 4. 15 可以看出，箔条从箔条子弹内被抛撒后迅速扩散，在 $t=0.20$s 时，箔条切向扩散的最大半径约 13. 2m，轴线方向扩散的最大距离约 13. 9m；且对比抛撒后不同时间的箔条扩散位移来看，在 $t=0.15$s 后，箔条扩散半径变化不大。

为进一步分析箔条抛撒后的散开性能，采用对比的方式对仿真的抛撒结果进行仿真分析，即分别选取 14mm 和 44mm 两种长度的箔条作为仿真对象，并分别对转速为 100r/s、200r/s、300r/s 和 400r/s 的箔条扩散情况进行仿真。在不同角速度下的箔条子弹坐标系的 *XOY* 平面内，两种长度的箔条在不同转速下的扩散效果对比如图 4. 16 所示。

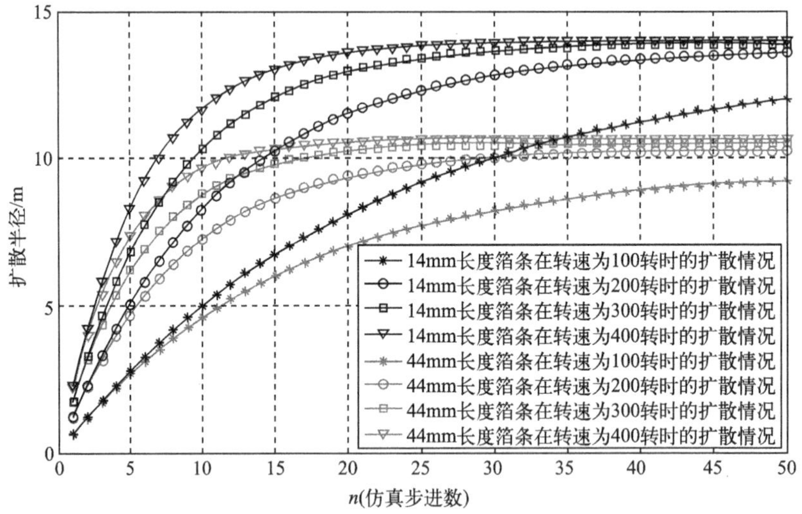

图 4. 16　两种长度的箔条在不同转速下的扩散效果对比

从图 4. 16 仿真结果的对比可以看出：

（1）在 4 种旋转速度下，短箔条的扩散半径均大于长箔条的扩散半径。

（2）不管短箔条还是长箔条，随着旋转速度的增加，其扩散速度明显加快。当旋转速度超过 200r/s 时，箔条在 0. 1 ~0. 2s 内即可完成快速散开。

（3）同一长度的箔条随着旋转速度的增加，虽然扩散速度加快，但最终扩散半径变化不大。例如，对于短箔条来说，从 200r/s 增加到 400r/s，转速增加了 2 倍，抛撒半径只增加了不到 0. 5m。

因此，通过高速旋转的抛撒方式，短箔条的抛撒扩散半径大于长箔条。同时为了使箔条在 0. 2s 内快速散开，旋转速度应大于 200r/s。

舰炮弹丸的外弹道转速一般都在 200r/s 以上，如“奥托”127mm 舰炮的炮口转速在 300r/s 以上，全弹道最小转速也在 220r/s 以上。因此，利用弹丸高速旋转实现箔条快速散开的方法有效、可行。

4.3 炮射箔条干扰弹 RCS 预估方法

炮射箔条干扰弹具有干扰效果明显、使用方便、可靠性高等优点，被广泛应用于军用舰船电子对抗中。为了掌握炮射箔条干扰弹布放所形成箔条云的雷达散射特性是否满足干扰要求，迫切需要对箔条云雷达反射截面（RCS）、留空时间等特性进行研究分析，为其相关技术改进和战术使用提供依据。

4.3.1 基于经验公式的箔条云 RCS 预估方法

箔条对雷达的干扰是靠箔条的散射特性来实现的。镀铝玻璃丝是细长圆柱体，为线性散射体，其长度对雷达截面积有较大影响。其单根箔条的 RCS 在谐振峰点附近最大，接近于理论值（$0.86\lambda^2$），离开谐振峰点 RCS 则急剧减小，而箔条的平均 RCS 在略小于 $L/\lambda = 0.5, 1.0, 1.5, \cdots$ 处呈现谐振峰值，此时其平均 RCS 最大。因此，为了箔条在一定的体积和质量条件下得到大的 RCS，一般选择半波长箔条。

单根半波长箔条的 RCS 值为：

$$\sigma_1 = 0.86\lambda^2 \cos^4\theta \tag{4.3.1}$$

式中：λ 为干扰雷达波长，其极化方向与箔条的夹角为 θ。

根据式（4.3.1）可以看出，当箔条的轴线取向与电磁波的极化方向平行时，可以获得最大的感应电流，散射最强，其 RCS 值最大。箔条的极化方向是箔条的轴向方向。

在箔条的作战使用时，期望箔条散开后能随机取向，这样箔条云团的平均 RCS 将与极化无关，对任何采取任意极化方式的雷达均能有效地干扰。实际上，由于箔条长短、形状、材料的不同，箔条在空中有其一定的运动特性，对采用水平和垂直极化方式的雷达回波特性会不一样。例如，短箔条（$L \leqslant 10$cm）不论有没有 V 形凹槽，都将趋于水平取向而旋转下降，这种箔条对水平极化雷达回波强，RCS 值大，而对垂直极化雷达回波较弱，RCS 值小。长箔条（$L > 10$cm）在空中的运动规律则可认为是完全随机的，对不同极化方式的雷达来说，RCS 值基本相同。

根据经验总结，单根半波长箔条在空中 3 种取向（随机、水平、垂直）的雷达 RCS 如下：

$$\bar{\sigma}_1 \approx 0.153\lambda^2 \tag{4.3.2}$$

$$\bar{\sigma}_{1//} \approx 0.22\lambda^2 \tag{4.3.3}$$

$$\bar{\sigma}_{1\perp} \approx 0.86\lambda^2 \tag{4.3.4}$$

由上述方法可以确定单根半波长箔条的平均雷达截面积，而 N 根箔条总的平均雷达截面积 $\bar{\sigma}_N$ 为：

$$\bar{\sigma}_N \approx N\bar{\sigma}_{\lambda/2} \tag{4.3.5}$$

式（4.3.5）是在箔条理想散开情况下得到的，其中 $\bar{\sigma}_{\lambda/2}$ 根据箔条和雷达极化方式具体选定计算公式。而在箔条实际使用时，由于散开效果不理想导致的互耦效应，箔条云团的有效散射截面积要小于式（4.3.5）确定的平均雷达截面积。为了更准确地预估箔条云团的 RCS 值，通常做如下修正：

$$\bar{\sigma}_N \approx \eta N\bar{\sigma}_{\lambda/2} \tag{4.3.6}$$

式中：η 为与互耦效应有关的有效箔条散射系数，经验计算时一般取 0.4 ~ 0.8。

根据式（4.3.6），结合炮射箔条干扰弹内的箔条装填总量及箔条配方，可以完成炮射箔条干扰弹发射后所形成箔条云 RCS 值的经验预估。

4.3.2 基于火控雷达测试的箔条云 RCS 性能预估方法

通常，目标的 RCS 特性可以根据雷达散射截面积的定义进行测量，也可依据雷达方程开展测量。按雷达散射截面积的定义直接测量目标的 RCS 经常使用的方法是驻波比法，此法对目标的散射场进行直接测量，所需设备简单，且测量的精度高，但缺点是数据率较低，只能用于在室内环境下静止目标的 RCS 测量。根据雷达方程来测量目标的 RCS 特性时，仅需要测量目标回波信号的功率或者电平，测量方法简单，物理意义明确，数据率相对较高，但所需设备比较复杂，一般需要专门的 RCS 测试雷达才能完成。

本书根据火控雷达可以实时精确跟踪快速小目标的特点，结合目前最常用的雷达截面积比较法原理，以炮射箔条干扰弹弹丸代替传统的标校球作为比较物，介绍一种基于火控雷达测试的炮射箔条干扰弹 RCS 快速预估方法。该方法结合现役火控雷达对炮射箔条干扰弹 RCS 进行快速预估，可节省 RCS 测量经费和时间，具有较好的应用前景。同时，火控雷达工作的厘米波频段是目前反舰导弹末制导雷达主要工作频段之一，研究炮射箔条干扰弹在该频段的 RCS 特性对水面舰艇反导作战具有重要意义。

4.3.2.1　雷达截面积比较法原理

根据雷达方程，雷达接收机的输入端所接收到的目标回波信号功率为：

$$P_{ti} = \frac{P_T G^2 \lambda^2 \sigma}{(4\pi)^3 R^4 L} F^4 10^{-\alpha R} \tag{4.3.7}$$

式中：P_T 为雷达发射机功率；G 为雷达天线增益；λ 为雷达波长；R 为目标距离雷达长度；L 为雷达损耗因子，包括雷达辐射和接收的损耗；α 为大气衰减因子；σ 为目标的 RCS；F 为方向图因子。

为提高目标雷达截面积的测量精度，一般选用比较法实时测量箔条云 RCS 特性，即通过雷达分别测量待测目标和标校球，并对比相应的雷达回波功率或电压及距离求得待测目标的 RCS 特性。该方法的测量原理简单，且能较好地消除测量雷达系统误差对 RCS 测量的影响，测量精度较高。根据雷达截面积比较法原理，标校球和待测目标的回波信号功率分别为：

$$P_{t0} = \frac{P_{T0} G_0^2 \lambda_0^2 \sigma_0}{(4\pi)^3 R_0^4 L_0} F_0^4 \, 10^{-\alpha_0 R_0} \tag{4.3.8}$$

$$P_t = \frac{P_T G^2 \lambda^2 \sigma_t}{(4\pi)^3 R^4 L} F^4 10^{-\alpha R} \tag{4.3.9}$$

由式（4.3.8）和式（4.3.9）可得待测目标的雷达截面积为：

$$\begin{aligned}
\sigma_t &= \sigma_0 \frac{P_t}{P_{t0}} \frac{P_{T0} \lambda_0^2 L_0}{P_T \lambda^2 L} \frac{G_0^2}{G^2} \frac{R^4}{R_0^4} \frac{F^4}{F_0^4} 10^{\alpha R - \alpha_0 R_0} \\
&= \frac{P_{T0}}{P_T} \frac{G_0^2}{G^2} \frac{\lambda_0^2}{\lambda^2} \frac{L}{L_0} \frac{F_0^4}{F^4} 10^{\alpha R - \alpha_0 R_0} \frac{R^4}{R_0^4} \frac{P_t}{P_{t0}} \sigma_0 \\
&= K_{\text{emend}} \cdot \left(\frac{R}{R_0}\right)^4 \cdot \frac{P_t}{P_{t0}} \cdot \sigma_0
\end{aligned} \tag{4.3.10}$$

式中：σ_t 为目标的雷达截面积；σ_0 为标校球的雷达截面积；K_{emend} 为系统标校因子，它与雷达接收机功率的稳度、线性中频放大器的增益稳度、工作频率的稳度、方向图因子及大气衰减因子等因素有关。若不考虑标校误差或在理想标校的情况下，$K_{\text{emend}}=1$。

当雷达接收机输入端所接收到的目标回波信号用电压表示时，则式（4.3.10）变为：

$$\sigma_t = K_{\text{emend}} \cdot \left(\frac{R}{R_0}\right)^4 \cdot \left(\frac{V_t}{V_{t0}}\right)^2 \cdot \sigma_0 \tag{4.3.11}$$

式中：V_t 为目标的回波电压；V_{t0}为标校球回波电压。

具体测量时，首先用一个标校球作为标准目标，它的雷达截面积为一定值，即$\sigma=\pi r^2$（r 为金属球半径），然后将被测目标的回波电压、距离与标校球的回波电压距离相比较，最后根据式（4.3.11）计算得到被测目标的雷达截面积。

4.3.2.2 基于火控雷达测量的炮射箔条干扰弹 RCS 快速预估方法

每艘作战舰艇一般都配备有火控雷达。火控雷达主要用于跟踪目标获得其运动参数，为舰载武器提供目标指示，具有可实时跟踪快速小目标的特性。下面根据雷达截面积比较法的思路，结合火控雷达的特性及改进的雷达截面积比较法，介绍一种基于火控雷达测量的炮射箔条干扰弹 RCS 快速预估方法。

若火控雷达可分别实时测得炮射箔条干扰弹抛撒箔条前弹丸和箔条抛撒后所形成箔条云的距离、回波电压等参数，则在抛射箔条干扰弹弹丸 RCS 已知的情况下，可利用弹丸代替传统的标校球，将相关测试数据直接代入雷达截面积比较法计算式（4.3.11）中，即可求得炮射箔条干扰弹所形成箔条云的 RCS，计算公式为：

$$\sigma_{\text{Chaff}} = K_{\text{emend}} \cdot \left(\frac{R_{\text{Chaff}}}{R_{\text{Cartr}}}\right)^4 \cdot \left(\frac{V_{\text{Chaff}}}{V_{\text{Cartr}}}\right)^2 \cdot \sigma_{\text{Cartr}} \tag{4.3.12}$$

式中：σ_{Chaff}为箔条云的 RCS；σ_{Cartr}为炮射箔条干扰弹弹丸 RCS；R_{Chaff}为箔条云距离；R_{Cartr}为弹丸距离；V_{Chaff}为箔条云雷达回波电压；V_{Cartr}为弹丸回波电压。

因火控雷达不能通过测量直接得到被测目标的回波功率或电压，故式（4.3.12）还不能直接使用。但是，通常为了防止其接收机饱和，保证对于大动态范围的接收机输入信号均处于中频接收机的线性动态范围内，需要对输入的电磁波信号进行微波精密衰减和中频精密衰减后才能进入各级的线性放大器；而且为了更好地观察小信号偏差，火控雷达还增加了对数放大器，对数放大器对于小信号放大量大，对于一定幅度的大信号放大且放大器不会过载，从而弥补了线性主中放的不足，上述过程为增益控制。增益控制是通过增益控制电路实现的，目前常用的有自动增益控制、手动增益控制和时间增益控制 3 种控制方式。其中自动增益控制系统用来保证雷达在跟踪目标时，使送到显示器和自动跟踪系统的信号幅度不会因某些干扰而变化太大。当火控雷达采用自动增益控制方式时，其雷达回波增益控制电压衰减量（V_{obj_attenu}）可以通过雷达专用接口输出，因此可以考虑利用实际可测的火控雷达回波增益控制电压衰减量进一步改进计算公式。

根据火控雷达接收机设计原理，雷达回波电压 V_{obj}、雷达回波增益控制电压衰减量 V_{obj_attenu} 和接收机门限电压 V_{limen} 有如下关系：

$$20\lg \frac{V_{obj}}{V_{limen}} = K_x V_{obj\_attenu} \tag{4.3.13}$$

式中：K_x 为增益控制衰减系数，由雷达特性决定，对于具体某型号火控雷达来说，K_x 是已知的常数 [$K_x \in (0, 1)$]。根据式（4.3.13），对箔条云和炮射箔条干扰弹弹丸分别有：

$$20\lg \frac{V_{Chaff}}{V_{limen}} = K_x V_{Chaff\_attenu} \tag{4.3.14}$$

$$20\lg \frac{V_{Cartr}}{V_{limen}} = K_x V_{Cartr\_attenu} \tag{4.3.15}$$

由式（4.3.14）和式（4.3.15）可得箔条云雷达回波增益控制电压与炮射箔条干扰弹弹丸雷达回波增益控制电压关系为：

$$\left(\frac{V_{Chaff}}{V_{Cartr}}\right)^2 = 10^{\frac{K_x(V_{Chaff\_attenu}-V_{Cartr\_attenu})}{10}} \tag{4.3.16}$$

将式（4.3.16）代入式（4.3.12）可得基于火控雷达测试的炮射箔条干扰弹 RCS 计算式：

$$\begin{aligned}\sigma_{Chaff} &= K_{emend} \cdot \left(\frac{R_{Chaff}}{R_{Cartr}}\right)^4 \cdot \left(\frac{V_{Chaff}}{V_{Cartr}}\right)^2 \cdot \sigma_{Cartr} \\ &= K_{emend} \cdot \left(\frac{R_{Chaff}}{R_{Cartr}}\right)^4 \cdot 10^{\frac{K_x(V_{Chaff\_attenu}-V_{Cartr\_attenu})}{10}} \cdot \sigma_{Cartr}\end{aligned} \tag{4.3.17}$$

在不计标校误差或理想标校的情况下，$K_{emend}=1$，则式（4.3.17）变为：

$$\sigma_{Chaff} = \left(\frac{R_{Chaff}}{R_{Cartr}}\right)^4 \cdot 10^{\frac{K_x(V_{Chaff\_attenu}-V_{Cartr\_attenu})}{10}} \cdot \sigma_{Cartr} \tag{4.3.18}$$

对于以某口径的炮射箔条干扰弹的运载弹丸来说，通常其 RCS 是已知的，如果未知，也很容易测得，可作为已知的参照物代替标校球。因此，在不计雷达标校误差的情况下，若能利用与舰炮配套的火控雷达测得炮射箔条干扰弹弹丸开舱抛撒箔条前瞬间的雷达回波增益控制电压衰减量、距离和开舱抛撒后所形成的箔条云的雷达回波增益控制电压衰减量、距离，代入式（4.3.18），即可得到炮射箔条干扰弹所形成箔条云的 RCS 值。

4.3.2.3　测试系统组成与测试方法

1. 测试系统组成

基于火控雷达的箔条 RCS 测试系统由炮射箔条干扰弹发射装置、火控雷达、火控系统、雷达专用接口数据输出连接线和数据记录计算机组成，如图 4.17 所示。

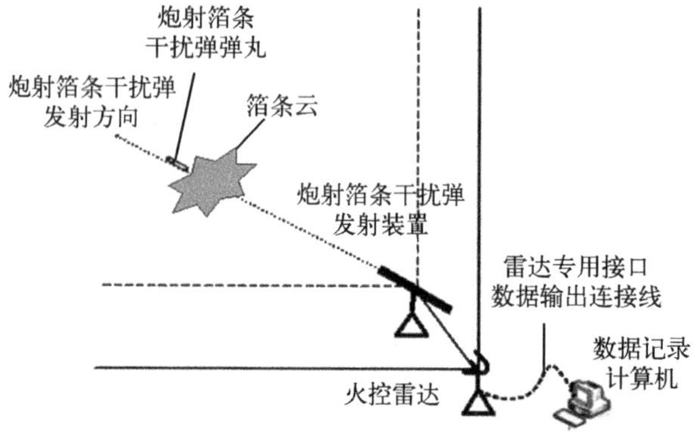

图 4.17　基于火控雷达的箔条 RCS 测试系统示意图

2. 测试方法

测试的具体实施方法为：当炮射箔条干扰弹发射后，利用火控雷达实时跟踪炮射箔条干扰弹弹丸（现代火控雷达都具有实时跟踪弹丸的功能），一直跟踪到炮射箔条干扰弹起爆开舱；炮射箔条干扰弹弹丸开舱抛撒箔条后火控雷达快速转为跟踪箔条弹所形成的箔条云（由于箔条云的 RCS 比弹丸大很多，回波更强，故由跟踪弹丸转为跟踪箔条云比较容易实现。外场试验中，火控雷达甚至会自动放弃跟踪弹丸转而跟踪箔条云，表明火控雷达易受箔条干扰），直至箔条云消失。在整个过程中，火控雷达可实时测得被跟踪目标（弹丸或箔条云）的距离、雷达回波增益控制电压衰减量和速度等参数，并通过雷达专用输出接口实时保存到与其相连的计算机中。测试结束后，通过实测数据分析，得到抛撒箔条前瞬间炮射箔条干扰弹弹丸的雷达回波增益控制电压衰减量、距离及箔条快速散开后所形成箔条云的雷达回波增益控制电压衰减量、距离。同时，火控雷达测得目标（弹丸和箔条云）的速度参数，可将此作为判断被跟踪目标是弹丸还是箔条云及炮射箔条干扰弹是否已开舱抛撒箔条时的参考。

本方法在舰炮发射的炮射箔条干扰弹的初步性能摸底试验中进行了实际测试。测试中火控雷达可实时、准确地测得被跟踪的炮射箔条干扰弹弹丸和其所形成箔条云全过程的雷达回波增益控制电压衰减量和距离，测试数据率达到毫秒级，并可利用雷达接口专用数据连接线将雷达测试数据输入数据记录计算机。为了更好、更直观地对试验结果进行分析，将试验结果用曲线表示（因保密需要，对数据做了多次线性变换），如图 4. 18 所示。

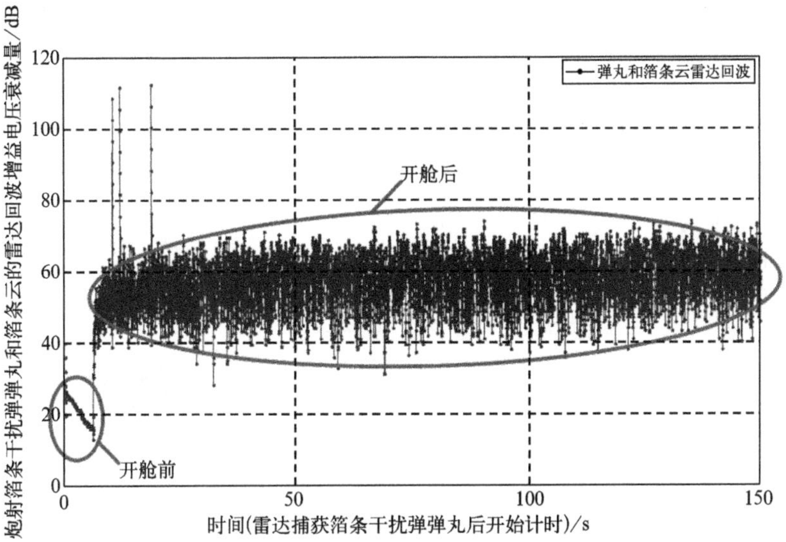

图 4. 18　雷达回波增益控制电压衰减量随时间变化曲线图

从图 4. 18 可以看出，在开舱抛撒箔条前，弹道雷达一直跟踪弹丸，实测到的弹丸雷达回波增益控制电压衰减量随着飞行时间增加（弹丸飞行时间越长，离雷达距离越大）而逐渐减小，这与雷达方程原理相吻合；空爆开舱后，雷达转而跟踪箔条云，箔条云的雷达回波增益控制电压衰减量迅速增大并稳定在一个较高值的区域内变化，保持较长时间不变，即当雷达跟踪箔条云时接收功率迅速增大并保持在一个较高值区域时，说明箔条云 RCS 比弹丸要大得多，并且较稳定。

通过实测数据，并结合 MATLAB 分析，可准确得到炮射箔条干扰弹开舱抛撒箔条前瞬间弹丸的距离 R_{Cartr} 和雷达回波增益控制电压衰减量 $V_{\mathrm{Cartr\_attenu}}$（空爆前，炮射箔条干扰弹弹丸的雷达回波增益控制电压衰减量一直在减小。减小到最小后突然变大前瞬间的一个值即开舱前瞬间炮射箔条干扰弹弹丸的雷达回波增益控制电压衰减量）。同时，所形成箔条云的雷达回波增益控制电压衰减量在较长时间内保持在较高区域变动，可用求平均的方法计算得到其均值，并将此作为箔条云的雷达回波增益控制电压衰减量 $V_{\text{Chaff\_attenu}}$。在确定箔条云距离时，由于炮射箔条干扰弹开舱和箔条散开速度非常快（毫秒级），而且箔条散开后所形成的箔条云整体在炮射箔条干扰弹弹丸原运动方向速度迅速减小到零，并以极低的速度下降，故可近似认为抛撒前瞬间，炮射箔条干扰弹弹丸离火控雷达距离和抛撒形成的箔条云离火控雷达距离相等，即 $R_{\text{Chaff}}=R_{\text{Cartr}}$。将上述4个测量值和预先已知的弹丸 RCS 值 σ_{Cartr} 代入式（4.3.18），即可快速预估炮射箔条干扰弹所形成的箔条云在火控雷达波段的 RCS 值 σ_{Chaff}。

4.3.2.4 测量精度分析及减小误差的方法

对式（4.3.18）两边先去自然对数，然后求导，并假设各误差源相互独立，可得 RCS 测量的相对误差为：

$$\left(\frac{\Delta\sigma_{\text{Chaff}}}{\sigma_{\text{Chaff}}}\right)^2=\left(\frac{\Delta K_{\text{emend}}}{K_{\text{emend}}}\right)^2+16\left(\frac{\Delta R_{\text{Chaff}}}{R_{\text{Chaff}}}\right)^2+16\left(\frac{\Delta R_{\text{Cartr}}}{R_{\text{Cartr}}}\right)^2+\frac{K_x^2}{100}(\Delta V_{\text{Chaff\_attenu}})^2+\frac{K_x^2}{100}(\Delta V_{\text{Cartr\_attenu}})^2+\left(\frac{\Delta\sigma_{\text{Cartr}}}{\sigma_{\text{Cartr}}}\right)^2 \quad (4.3.19)$$

等式右边由炮射箔条干扰弹 RCS 测量精度的误差源构成，主要有系统标校误差、距离测量误差、炮射箔条干扰弹弹丸雷达截面积误差、炮射箔条干扰弹弹丸雷达回波增益控制电压衰减量误差、雷达回波增益控制电压衰减量误差等。

1. 炮射箔条干扰弹弹丸雷达截面积误差

本书利用炮射箔条干扰弹弹丸代替传统的标校球，其雷达截面积的测量误差将会对测量结果影响较大。箔条弹弹丸雷达截面积测量误差主要包括炮射箔条干扰弹弹丸尺寸加工误差、弹丸表面粗糙度不一引入的误差，以及弹丸本身雷达截面积的异地定标误差等。通常可以通过严格控制加工精度的方式减小弹丸尺寸误差，通过弹丸表面精细处理的方式减小表面粗糙度引入的误差。至于炮射箔条干扰弹弹丸本身异地定标误差，则可以参照相关文献中的方法以减小由 RCS 测量时定标问题引起的测量误差。

2. 雷达回波增益控制电压衰减量误差

根据雷达测量原理和式（4.3.13）、式（4.3.17），雷达回波增益控制电压衰减量误差主要与发射机输出功率稳度、接收机非线性误差、波束瞄准误差和接收机输入端信噪比等因素有关。其中，接收机非线性误差经实时修正后可以忽略不计。因此，本书主要从两方面减小雷达回波增益控制电压衰减量测量误差：①为减小地杂波或海杂波的影响，实际测量时应尽可能在较高空域引爆炮射箔条干扰弹。经验表明：当雷达天线俯仰角达到 7°以上时，可以大大减小地杂波或海杂波的影响。②火控雷达波束较窄，若测量单元不能完全包含箔条云，将产生误差。实际测量时应在距离雷达较远的位置上空引爆炮射箔条干扰弹，确保火控雷达的测量波束能包含全部箔条云。

3. *距离测量误差*

火控雷达具有较高的距离测量精度，火控雷达的距离测量误差一般可以控制在 20m 以内。在利用火控雷达进行箔条弹 RCS 预估时，炮射箔条干扰弹弹丸和箔条云距离雷达较远，而且作为标定参照物的弹丸与箔条云之间距离较小，故距离误差对 RCS 测量精度的影响相对较小，但在实际测量中亦需要采用相应的措施尽量降低该项误差。同时，为进一步提高预估方法的精度，可用箔条云实时测量距离值而不采用前文所述近似距离，将其一并代入式（4.3.17）进行计算，得到炮射箔条干扰弹所形成箔条云 RCS 在某一时刻的值，然后用求平均的方法得到箔条云 RCS 均值。

该方法已在炮射箔条干扰弹的性能预估试验中使用，外场实测表明此方法原理清晰，使用方便，测试成本低，周期短，具有较好的应用价值。同时，采用本书方法测试时所得相关数据可为研究舰载和机载火控雷达的抗箔条干扰提供支持。

4.4　炮射箔条干扰弹开舱验证试验

为了验证子母弹两级连动开舱抛撒机构工作的可靠性和基于弹丸高速旋转和高线性存速的箔条快速散开方法的可行性，需要在靶场进行静态开舱试验和动态开舱试验。其中，静态开舱试验主要验证炮射箔条干扰弹静态开舱性能、箔条静态抛撒性能、一级药盒药量和传火机构动作可靠性等；动态开舱试验主要验证炮射箔条干扰弹动态开舱作用的可靠性及子弹内箔条动态抛撒性能等，同时通过开舱试验进一步检验母弹及箔条子弹的空爆开舱抛撒强度是否满足要求。

4.4.1　静态开舱试验

4.4.1.1　试验方法

静态开舱试验分两组进行，第一组为新装配炮射箔条干扰弹弹丸 3 枚，试验时母弹完成一级开舱，而箔条子弹不开舱；第二组为强度试验回收的炮射箔条干扰弹弹丸 3 枚，完成母弹和箔条子弹的两级连动开舱。

试验时将炮射箔条干扰弹弹丸倾斜固定在钢制三角形的静抛支架上，弹底朝上；在一级抛撒药盒内放入一个点火电极，并利用导线引出到安全位置，通过手摇起爆器控制点火，完成静态开舱抛撒。试验中观察母弹一级开舱情况、箔条子弹飞行情况及箔条子弹二级开舱抛撒箔条情况。静态开舱试验装置示意图如图 4.19 所示。

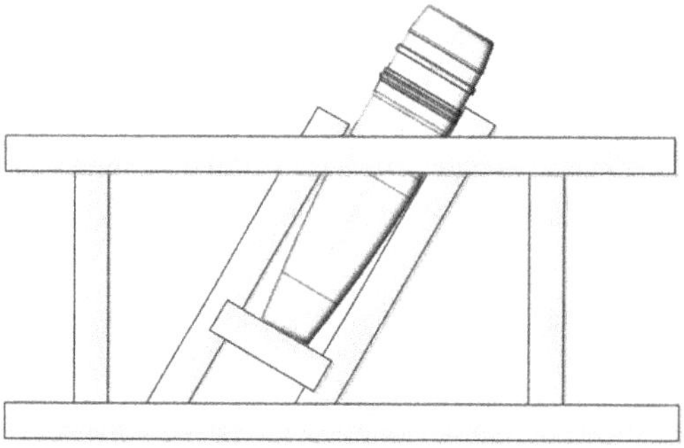

图 4.19　静态开舱试验装置示意图

4.4.1.2　试验结果及分析

在第一组（箔条子弹不开舱）的静态开舱试验中，以理论计算为基础选定的抛撒药量，3 枚弹全部正常开舱，抛撒药量及相应箔条子弹落点距离测量数据如表 4.2 所示。说明母弹的一级开舱机构工作正常，抛撒药量选定比较合理。

表 4.2　抛撒药量及相应箔条子弹落点距离测量数据

射序	抛撒药量/g	落点距离/m
1	9	210
2	8.8	202
3	8.6	197

在第二组（母弹和箔条子弹两级连动开舱）的静态开舱试验中，3 发强度试验回收的弹丸全部正常完成两级开舱。开舱后可以观察到有箔条丝在空中飘，静抛点附近地面散布有大量箔条丝团。

根据试验结果可以看出，静态开舱后箔条子弹组件被抛出弹体，同时箔条子弹内箔条被抛撒；箔条抛撒后的散布呈长条形，散布长度约 180m，散布宽度约 5m，最近的箔条丝出现在距离静抛点约 6m 处，整体地面散布面积约为 $900m^2$；箔条子弹筒在距离静抛点约 100m 处，附近散布有箔条丝；而支撑瓦则出现在距离静抛点 220m 处，附近无箔条丝散布。以上说明所设计的导火机构传火可靠，两级联动开舱抛撒箔条的方式可行。

同时，在静态开舱试验中发现箔条成团散布较多的现象，其原因主要是静态开舱试验时弹丸为静止状态，没有高转速和高线性存速，箔条的出口速度低，雷诺数小。因此，箔条快速散开效果需要在动态开舱试验中进行验证。

另外，通过进一步观察可知，静态开舱后头螺与弹体仍可靠连接，未发生破裂和脱落现象，回收的底螺除螺纹被剪切外其他部分完好，说明母弹强度满足要求。

4.4.2　动态开舱试验

4.4.2.1　试验方法

完成炮射箔条干扰弹的原理样机，实际装配 5 发，其中 2 发备用。配高精度时间引信，试验前保持常温两天，开展动态开舱试验。试验时，为方便观测开舱效果，在抛撒药中加入指示剂（固体碘），并采用低平小射角射击，射角 6.5°，开舱高度约 300m，开舱距离约 5km；在靶道 5 ~ 6km 附近设定两个观测点，测试开舱点高度、开舱后箔条状态及箔条地面散布效果。同时，利用弹道雷达测试弹丸飞行的相关参数。

4.4.2.2　试验结果及分析

试验时实际发射炮射箔条干扰弹 3 发，全部正常射击，并在空中正常开舱，弹道雷达准确测得相关数据。开舱时，附近观测点能听到开舱的声音，明显观测到开舱后的爆烟（加碘指示剂后更明显），同时在阳光照射下能看到空中飘动的箔条丝；完成 3 发炮射箔条干扰弹发射后进行地面检查，可以找到散落的箔条子弹内推板和箔条保护装置、大量散开的箔条丝，以及极少量未完全散开的箔条丝团。动态开舱试验结果基本情况如表 4. 3 所示。弹道雷达测得弹丸的外弹道运动数据（保密需要，进行多次线性转换），将其用曲线表示，如图 4. 20 所示。

表 4. 3　动态开舱试验结果基本情况

射序	装订时间/s	初速/（m/s）	箔条抛撒情况
1	8	792. 2	观测点能看到空中飘动的箔条丝，开舱点附近地面有少量未散开的箔条丝团
2	8	795. 7	
3	8	796. 6	

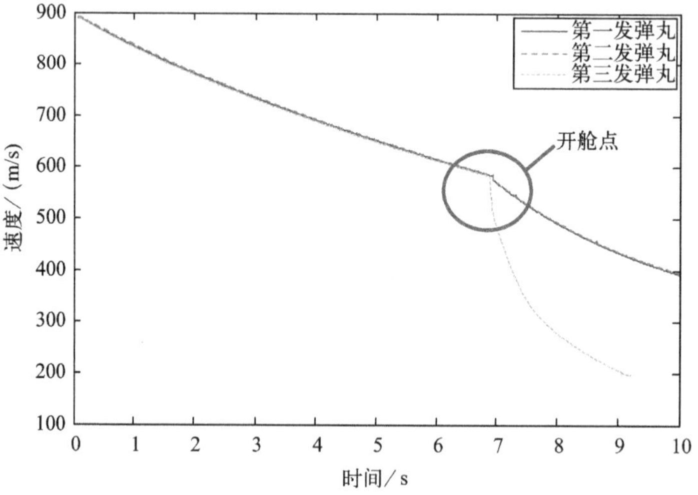

图 4. 20　弹道雷达测得弹丸的外弹道运动数据

从图 4. 20 可以看出，弹丸发射后，开舱前其线性速度在稳定地逐渐减小，开舱后速度的减小趋势发生了突变，明显加大。分析可知，这是由弹丸开舱后弹底掉落，支撑瓦、箔条子弹等内部零部件被抛出后使弹丸本身质量、质心、气动参数等发生变化所引起的，可以说明母弹已完成了正常的开舱动作。

从试验现场可以看出，动态开舱时，箔条散得比较开，且地面箔条丝团极少，说明箔条在弹丸的高转速和弹道风作用的影响下，箔条出口速度高，雷诺数大，散开效果好。

同时，从动态开舱后箔条的正常散开、回收母弹头螺与弹体连接完好及箔条子弹筒仅有微弱变形可以看出，炮射箔条干扰弹的抗空爆过载强度满足要求。

综上所述，通过炮射箔条干扰弹的静态开舱试验和动态开舱试验，验证了两级连动活塞式抛撒机构工作的可靠性和基于弹丸高速旋转和弹道风的箔条散开方法的可行性。同时，通过靶场试验的形式进一步验证了炮射箔条干扰弹零部件的空爆开舱强度满足要求。

第 5 章

炮射箔条干扰弹使用方法

根据炮射箔条干扰弹以舰炮为发射平台、以弹丸为箔条运载体实现箔条远距离快速投放，具有射程远且可控、反应速度快、布放精度高、使用灵活、可持续布放等特点，针对性地开展其作战使用研究，以发挥炮射箔条干扰弹的最大作战效能。

5.1 基于对海虚拟点射击的炮射箔条干扰弹布放方法

使用常规弹药进行射击时，需要火控雷达实时跟踪被打击目标，并通过火控系统软件实时解算射击诸元，进而带动舰炮调整高低角和方位角适时开火。炮射箔条干扰弹作为软对抗武器，不是对来袭目标直接打击予以摧毁，而是在舰艇与来袭目标之间某个区域布放，通过所形成的稳定箔条云对来袭目标实施无源干扰。在炮射箔条干扰弹的战术应用中，因舰炮的打击点非真实目标而为虚拟点，不能直接通过火控系统利用雷达对目标的跟踪信息进行解算得到火炮射击诸元，从而无法带动火炮进行射击。另外，若不经火控系统解算而直接根据箔条云布放的距离和方位进行射击，则存在因受舰艇平台纵摇和横摇的影响而无法修正问题，将会对外弹道开舱点产生极大的偏差，无法满足箔条云的布放精度要求。

针对上述问题，本章介绍一种基于对海虚拟点射击的炮射箔条干扰弹布放方法，用以实现其快速、精确布放。

5.1.1 对海虚拟点射击方法简介

对海虚拟点射击是舰炮常用射击方式的一种，用于敌舰进入我舰射程之前或对岸战斗之前，通过虚拟射获取系统偏差，也可用于系统试验和精度考核。

其处理方法为对海虚拟点射击的打击点为虚拟点，由人工装订其方位和距离等参数；我舰做等速直线运动；虚拟目标的运动参数是自动引入的，与引入时刻的我舰的运动参数相同，并由此外推，因此引入的虚拟目标与我舰基本保持同速同向运动，如图 5.1 所示。火控系统按此虚拟目标求出解算诸元，给雷达指示目标点，并将雷达测出的弹着偏差求平均后用作修正量。

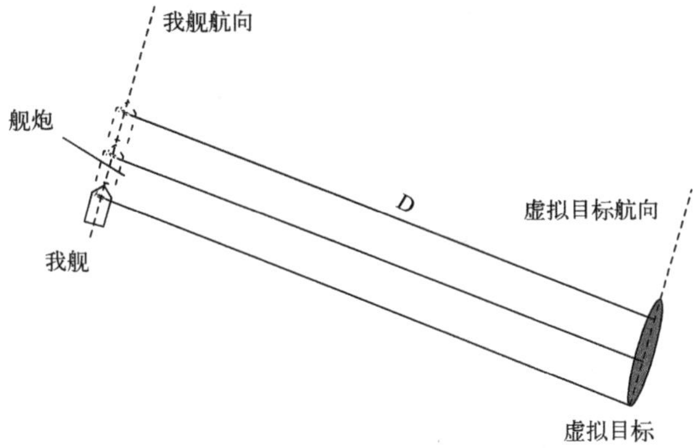

图 5.1　对海虚拟点射击示意图

5.1.2　基于对海虚拟点射击的炮射箔条干扰弹快速布放方法

本节根据对海虚拟射的基本原理和方法，介绍一种基于对海虚拟点射击的炮射箔条干扰弹快速布放方法，以解决炮射箔条干扰弹无真实打击目标而使火控系统无法解算舰炮射击诸元的问题，实现在不改变火控系统现有解算软件的条件下以舰炮为投射器的新型箔条干扰弹的快速布放。具体方法如下。

1. *确定布放炮射箔条干扰弹虚拟点距离和方位*

首先，根据战场态势确定所采用的干扰样式，干扰样式有迷惑式干扰、冲淡式干扰及箔条幕墙干扰等。然后根据舰艇布放箔条云并实施干扰的反应时间来确定箔条云布放距离 D_B，按反应时间的长短将布放距离分为远、中、近 3 种：远程为10 ~ 20km，中程为 4 ~ 10km，近程为 0 ~ 4km。当反应时间大于 40s 时可采用远程布放，当反应时间大于 30s 时可采用中程布放，当反应时间小于 20s 时只能采用近程布放，如图 5.2 所示。

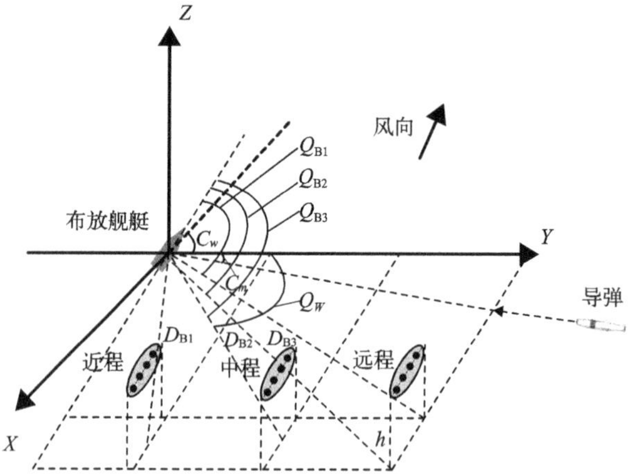

图 5.2　炮射箔条干扰弹布放的几何原理示意图

接下来根据来袭导弹方位信息、舰艇航向信息、风速风向信息，以及战术要求，确定箔条云的布放方位。

若执行迷惑式和冲淡式干扰，则待舰艇进入战斗航向后取左舷向或右舷向110°或120°；舰艇顺风航行则取导弹来袭舷向120°；逆风航行则取导弹来袭舷向110°

当导弹来袭方向为舰艇右舷时，箔条云布放方位为：

$$Q_B = C_W + 110 \tag{5.1.1}$$

或

$$Q_B = C_W + 120 \tag{5.1.2}$$

当导弹来袭方向为舰艇左舷时，箔条云布放方位为：

$$Q_B = C_W - 110 \tag{5.1.3}$$

或

$$Q_B = C_W - 120 \tag{5.1.4}$$

若执行箔条幕墙干扰，当导弹来袭方向为舰艇右舷时，箔条云布放方位为：

$$Q_B = C_W + \left[90 + \arcsin\left(\frac{\mathrm{D}_S}{D_B}\right)\right] \tag{5.1.5}$$

若执行箔条幕墙干扰，当导弹来袭方向为舰艇左舷时，箔条云布放方位为：

$$Q_B = C_W - \left[90 + \arcsin\left(\frac{\mathrm{D}_S}{D_B}\right)\right] \tag{5.1.6}$$

式中：C_m 为来袭导弹方位信息；C_W 为舰艇航向信息；Q_B 为箔条云的布放方位；

D_S 为转入战斗航向后舰艇距离导弹与舰艇初始位置连线距离。

计算所得的距离 D_B 和方位 Q_B 即为炮射箔条干扰弹布放时对海射击虚拟点的位置和方位。

2. 确定布放炮射箔条干扰弹时舰艇机动参数

执行对海虚拟射击时要求舰艇等速直航，故舰艇机动需确定舰艇从当前航向、航速转入布放炮射箔条干扰弹的时机和战斗航向、航速。为布放的箔条云产生更好的无源干扰效果，战斗航向一般取垂直于导弹和舰艇连线 ±20°内的方向，并根据当时的风速、风向取下风向；战斗航速根据舰艇机动性能选择一个可快速稳定的航速，一般不超过 30 节。最终确定舰艇布放炮射箔条干扰弹时航向 C_W、航速 V_W，该速度即为对海射击虚拟点的运动速度。

3. 确定炮射箔条干扰弹一次布放的数量和射击间隔

炮射箔条干扰弹的一次布放数量根据所实施的箔条干扰的具体样式确定，根据理论计算和试验数据表明，一般执行迷惑式和冲淡式干扰样式时，一次布放炮射箔条干扰弹的数量一般不少于 2 发；执行箔条幕墙干扰样式时，一次布放炮射箔条干扰弹的数量一般不少于 10 发。为使炮射箔条干扰弹开舱后所形成的箔条云连成一片以增强对导弹末制导雷达的无源干扰效果，射击间隔越短越好，但同时为保证舰炮连续射击的可靠性，一般取射击间隔为稍长。

4. 确定炮射箔条干扰弹引信装订参数和开舱高度

炮射箔条干扰弹采用的是时间引信，在弹道末端弹丸入水前引信作用完成开舱，抛撒箔条形成箔条云。时间引信装订参数根据弹丸飞行时间反推计算得到，开舱高度为 100 ~ 200m。计算方法如下。

通常，根据舰炮综合基本射表，可以查询得到远、中、近 3 种射程外弹道末端的落速和落角，如表 5.1 所示。

表 5.1　舰炮综合基本射表

方案	射距（链）	弹丸落角（度分）	弹丸飞行时间/s	末速/（m/s）	炮射箔条干扰弹射程/m
远程	55	×× ××	××.×××	×××.×	10060
中程	33	×× ××	××.×××	×××.×	6036
近程	22	×× ××	×××.×××	×××.×	4024

根据表 5.1 提供的相关参数，综合炮射箔条干扰弹外弹道示意图（见图 5.3），根据弹丸落角、末速，可利用三角近似反推法，快速计算出为实现炮射箔

条干扰弹在不同高度开舱时，引信的装订时间。其计算公式为：

$$t_y = t_d - \frac{h}{V_d \cdot \sin(B_d)} \tag{5.1.7}$$

式中：t_y 为引信装订时间；t_d 为弹丸飞行时间；h 为弹丸开舱点高度；V_d 为弹丸弹道末端落速；B_d 为弹丸弹道末端落角。

炮射箔条干扰弹选用的引信有机械装订和感应装订两种方式，方便在作战使用时根据需求选择装订方式。

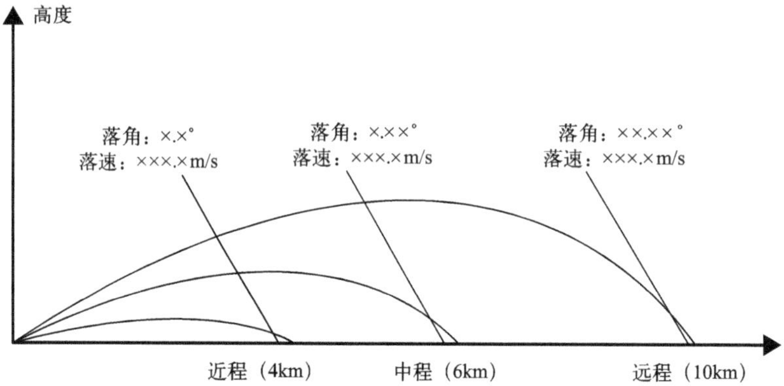

图 5.3　炮射箔条干扰弹外弹道示意图

5. 炮射箔条干扰弹具体布放的实施

通过上述步骤可得到对海虚拟点的距离 D_B、方位 Q_B，布放时的舰艇航向 C_W、航速 V_W，一次布放的数量 n 和射击间隔 t，时间引信装订参数 t_y 和开舱高度 h 4 类参数，根据这 4 类参数即可组织实施炮射箔条干扰弹的布放，具体方法如下。

在舰炮指挥仪上人工装订虚拟点的距离 D_B 和方位 Q_B，舰艇适时转入战斗航速 V_W、航向 C_W，保持等速直航，将舰艇当前的航速和航向自动引入，作为炮射箔条干扰弹打击虚拟目标的航速和航向；同时在指挥仪上输入射击数量 n 和射击间隔 t，并根据开舱射程 D_B 和开舱高度装订引信时间 t_y，完成射击前准备。

等舰艇航速航向稳定后即可适时开火射击，实现炮射箔条干扰弹快速布放。根据虚拟射的特点可知，按上述方法发射一定数量的炮射箔条干扰弹所形成的箔条云为长条形，箔条云幕墙的长度 = 齐射次数 × 射击时间间隔 × 本舰航速，其取向与发射舰艇的航向一致，箔条云相对于本舰的距离和方位为人工装订虚拟点的距离和方位。

通过基于对海虚拟点射击的布放方法，解决了炮射箔条干扰弹无真实打击目标而使火控系统无法解算舰炮射击诸元问题，可在不改变火控系统现有解算软件情况下实现箔条快速、精确布放。

5.2　炮射箔条干扰弹执行箔条常规作战样式的潜力分析

炮射箔条干扰弹作为一种新型箔条干扰弹，用以实施箔条无源干扰，由于其利用中大口径舰炮为箔条投射器，集成了中大口径舰炮和箔条干扰弹各自的优势，具有射程远且可控、反应速度快、布放精度高、使用灵活、可持续布放等特点，具有执行箔条无源干扰常见 3 种干扰样式的潜力。下面就利用炮射箔条干扰弹实施远程迷惑式干扰、中程冲淡式干扰和近程质心式干扰的可行性进行分析。

1. 远程迷惑式干扰可行性

远程迷惑式干扰要求在敌导弹攻击平台雷达发现我舰之前，在预定海域上空实施干扰，干扰的布放距离应离本舰 5 ~ 10km，以保证敌导弹攻击雷达能识别出真假目标的数目，把敌导弹攻击平台雷达的视向及其反舰导弹引向假目标，确保本舰安全。

炮射箔条干扰弹利用中大口径舰炮发射，其最大射程一般在 15km 以上，在射程上可满足实施远程迷惑式干扰的条件，且具有弹丸飞行速度快、反应时间短的优点，在我方编队早期预警的情况下可远距离、快速布放箔条云。因此，单舰或舰艇编队可利用炮射箔条干扰弹实施远程迷惑式干扰，使敌方飞机或舰艇雷达操作员难以判断出真假目标，搞不清我舰的数量及主要舰艇的位置，达到保护舰艇或舰艇编队的目的。

同时还可与炮射雷达诱饵组合，形成复合远程迷惑式干扰，增加干扰的成功率。

2. 中程冲淡式干扰可行性

中程冲淡式干扰是在反舰导弹发射后的搜索阶段经常使用的战术，要求在敌反舰导弹末制导雷达开机搜索前实施。在导弹末制导雷达开机前，用远程干扰发射装置向舰艇周围发射多个假目标，一般距离我舰 1 ~ 2km；待导弹末制导雷达开机时，发现其搜索范围内有多个目标，此时雷达可能受欺骗而选择箔条云假目标为跟踪对象，从而降低导弹对舰艇的捕获概率，起到对舰艇的保护作用，如图 5.4所示。

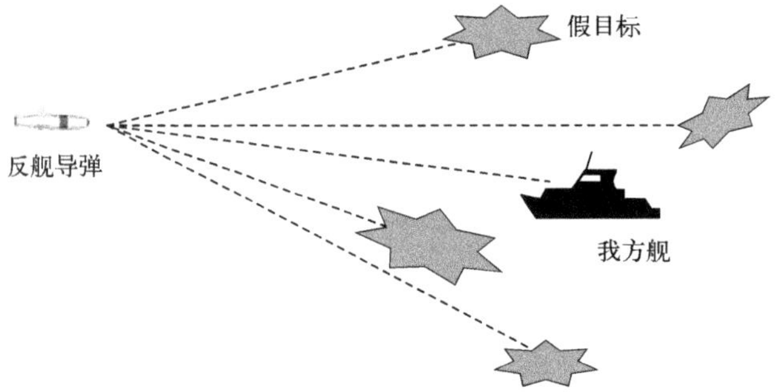

图 5.4　中程冲淡式干扰示意图

假如在冲淡形成前导弹已跟踪上舰艇，则应立即施放有源噪声压制，破坏末制导雷达的跟踪，使其重新转入搜索状态，假目标形成后，停止有源噪声干扰，使末制导雷达捕捉到假目标。需要注意的是，冲淡干扰假目标的位置必须落在末制导雷达的搜索范围内，并避免假目标处于导弹和舰艇的连线上。

在冲淡式干扰的实际作战使用时，箔条云的布放时机和形成时间是非常关键的。炮射箔条干扰弹可通过控制射程的方式实现冲淡式干扰，且具有弹丸飞行速度快、反应时间短的优点，有利于实施冲淡式干扰时机的把握。

炮射箔条干扰弹可以作为冲淡干扰的一种补充，还可以和炮射雷达诱饵进行组合，形成复合冲淡式干扰，以增加干扰的成功率。

3. 近程质心式干扰可行性

近程质心式干扰是在敌方导弹导引头已跟踪到我舰时，依据质心效应原理而采用的一种作战样式，一般在距离我舰几百米布放，由于假目标与被保护舰艇在导弹末制导雷达的同一个跟踪波门内，末制导雷达无法分辨假目标与箔条云，致使末制导雷达从跟踪水面舰艇转移到两者的能量中心上，从而达到保护舰艇的目的。质心式干扰的作战对象是处于跟踪段的反舰导弹末制导雷达，如图 5.5 所示。

实施质心式干扰时，对箔条的需求量非常高，尤其是老式大型驱护舰，一次装弹可实施的质心干扰次数有限，有的甚至执行一次质心式干扰几乎要使用完舰艇其中一舷的所有箔条弹。炮射箔条干扰弹亦可通过控制射程和引信装订的方式实现箔条云近距离投放，且具有载弹量大、自动供弹、快速连续布放的优点，当迫切需要执行质心式干扰而舰载传统近程箔条弹资源有限时，可通过调近射程的方式作为现有舰载箔条弹的一种补充。

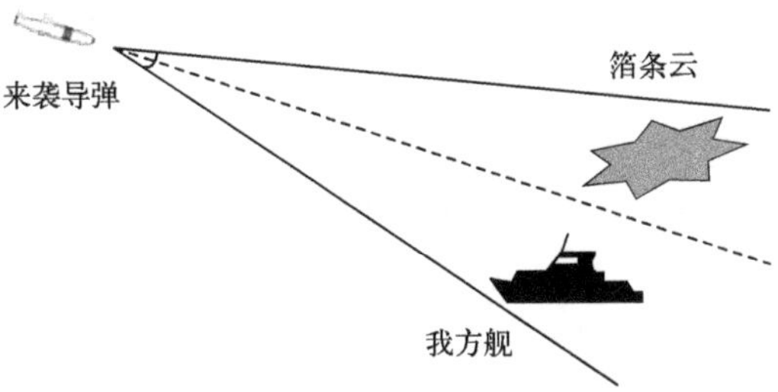

图 5.5　近程质心式干扰示意图

综上所述，炮射箔条干扰弹集成了舰炮发射和箔条干扰的各自优点，在实施箔条常规无源干扰时，可实施 3 种常规的干扰样式，具有远、中、近全程干扰的作战潜力。

同时，炮射箔条干扰弹利用中大口径舰炮发射，具有射程远且可控、反应速度快、布放精度高、使用灵活、可持续布放等优点，在使用时，除了常规干扰样式外，还应根据其特点研究新的作战样式。根据炮射箔条干扰弹的特点，并结合箔条云对电磁波的衰减效应，本章将介绍“基于解相遇策略的干扰样式”和“箔条云幕墙遮挡式干扰样式”两种新的作战样式；同时对其他可行作战样式进行了初探。

5.3　炮射箔条干扰弹的基于解相遇策略的干扰样式

根据电磁波散射理论，当电磁波通过箔条云时，由于箔条的散射而受到衰减，而不管何种体制的雷达，都要以高频电磁波的形式发射，利用回波对目标进行识别和跟踪，通过结合雷达方程进行分析可知，雷达电磁波受箔条材料散射衰减后将会使雷达的有效探测距离减小。本节将在分析箔条云对导弹末制导雷达的遮蔽效应的基础上，充分发挥炮射箔条干扰弹射程远、发射率高、布放精度高等特点，并结合战术应用背景，介绍一种基于解相遇策略的箔条防御反舰导弹新方法。

5.3.1　箔条云对雷达的遮蔽效应

5.3.1.1　箔条云对雷达电磁波的衰减

电磁波通过箔条云时，由于箔条的散射而使它受到衰减。下面以电磁波通过箔条云后的衰减方程及箔条云对电磁波的衰减系数来说明箔条云对电磁波的衰减程度。

设面积为 $1m^2$、厚度为 dx 的单位体积箔条云所散射的能量为 dp，如图 5.6 所示。由于箔条云散射的能量和散射截面积呈正比，则有：

$$dp = -p\bar{\sigma}_e dx \tag{5.3.1}$$

式中：p 为单位体积输入端的电磁波功率；dp 为单位体积中箔条散射的功率；$\bar{\sigma}_e$ 为单位体积中所有箔条的散射截面，“ - ” 号表示衰减。

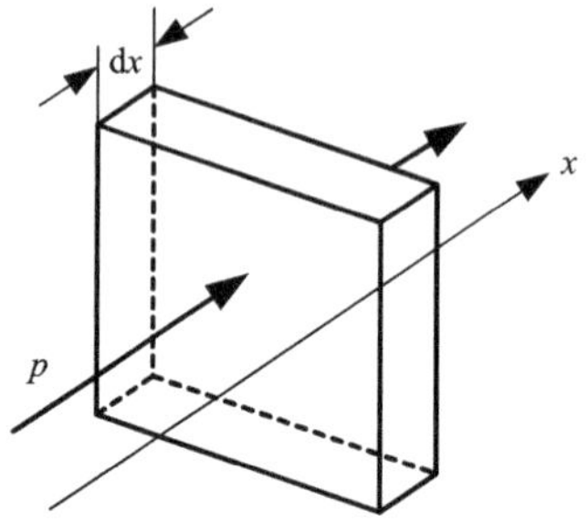

图 5.6　电磁波通过单位体积的箔条云

由于单位体积中箔条（$\bar{n}$）的散射截面为：

$$\bar{\sigma}_e = \bar{n}0.17\lambda^2 \tag{5.3.2}$$

式中：$\bar{n}$ 为单位体积中的箔条数。因此，式（5.3.1）可写为：

$$\frac{dp}{dx} = -p\bar{\sigma}_e = -\bar{n}0.17\lambda^2 p$$

$$\frac{dp}{dx} + \bar{n}0.17\lambda^2 p = 0 \tag{5.3.3}$$

解式（5.3.3），并利用 $x=0$ 时，$p=p_0$ 的边界条件，可求得雷达电磁波穿过厚度为 dx 的箔条云时被衰减的功率为：

$$\frac{dp}{p} = -\bar{n}0.17\lambda^2 dx \tag{5.3.4}$$

积分后得：

$$\ln p = -\bar{n}0.17\lambda^2 x \tag{5.3.5}$$

$$p = e^{-\bar{n}0.17\lambda^2 x} \tag{5.3.6}$$

当 $x=0$ 时，$p=p_0$，则：

$$p=p_0\mathrm{e}^{-\bar{n}0.17\lambda^2 x} \tag{5.3.7}$$

式中：p_0 为某一起始功率（加到箔条云输入端的功率中）。

由于式（5.3.7）使用起来不方便，所以将此方程变为以分贝表示衰减量的表达式，即：

$$10\lg p=10\lg p_0-\bar{n}0.17\lambda^2 x\times 10\lg e=10\lg p_0-0.7383\lambda^2\bar{n}x$$

$$\Rightarrow 10\lg p_0-10\lg p=0.7383\lambda^2\bar{n}x \tag{5.3.8}$$

单位长度上的衰减为：

$$\beta=\frac{0.73\lambda^2\bar{n}x}{x}=0.73\lambda^2\bar{n}(\mathrm{dB/m}) \tag{5.3.9}$$

这就是衰减系数。

$$\begin{aligned}10\lg p&=10\lg p_0-\beta x\\&=10\lg p_0-0.1\beta x\times 10\lg 10\\&=10\lg p_0+10\lg 10^{-0.1\beta x}\\&=10\lg(p_0 10^{-0.1\beta x})\end{aligned} \tag{5.3.10}$$

所以：

$$p=p_0 10^{-0.1\beta x} \tag{5.3.11}$$

式中：β 为箔条云对雷达电磁波的衰减系数，单位为 dB/m。这是雷达电磁波单向通过箔条云的情况。

对雷达电磁波为双程衰减时，经过箔条云来回两次衰减后的电磁波功率为：

$$p=p_0 10^{-0.2\beta x} \tag{5.3.12}$$

5.3.1.2 箔条云对雷达最大探测距离减小的影响

雷达方程是描述影响雷达性能诸因素的唯一并且也是最有效的方式，抽象地反映了各参数对雷达探测这一物理过程中的影响和作用。它依据雷达的特性给出雷达的作用距离。

如果雷达的“最大作用距离”的定义是当接收功率 P_r 等于接收机最小可检测信号 S_{min} 时的雷达作用距离，则雷达方程可写为：

$$R_{max}^4=\frac{P_t G_t A_e\sigma}{(4\pi)^2 S_{min}} \tag{5.3.13}$$

当雷达发射和接收公用一个天线时，发射增益 G_t 与有效接收孔径 A_r 的关系

式为 $G_t=4\pi A_e/\lambda^2$（λ 为雷达的工作波长）。将其代入式（5.3.13），可得到雷达方程的其他两种表达形式：

$$R_{\max}^4=\frac{P_t G_t^2 \lambda^2 \sigma}{(4\pi)^3 S_{\min}} \tag{5.3.14}$$

$$R_{\max}^4=\frac{P_t A_e^2 \sigma}{4\pi \lambda^2 S_{\min}} \tag{5.3.15}$$

由雷达方程可知，雷达的作用距离和电磁波的功率呈 4 次方正比关系。那么雷达如果因为箔条云的遮挡导致其电磁波受到衰减，则其有效作用距离同样也受到衰减。

如图 5.7 所示，在空中形成箔条云以掩护目标，当雷达电磁波被厚度为 x_0 的箔条云遮挡后，电磁波将衰减，从而减小雷达的有效作用距离。

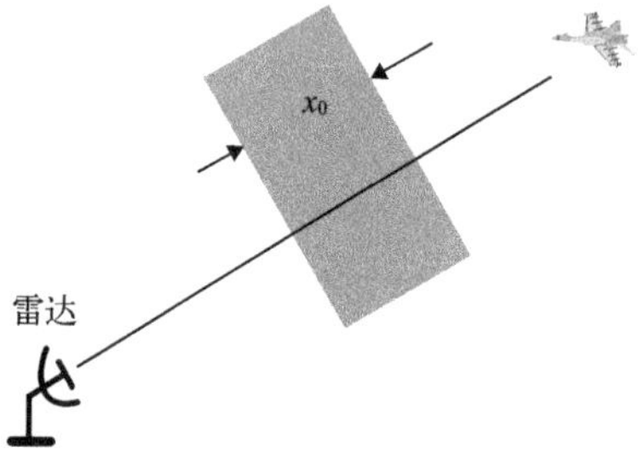

图 5.7　箔条云对雷达作用距离的影响

箔条云对雷达作用距离减小程度将与箔条云的厚度、箔条云的密度及雷达波长有关，具体由式（5.3.11）和式（5.3.12）计算可知。如根据文献［58］可知，为使雷达的作用距离减小到原来的 1/10，则相当于电磁波被箔条云衰减 40dB。设箔条云厚度为 1000m，则箔条云的衰减系数为 0.02dB/m。当雷达波长为 3cm 时，要求箔条云的平均密度为 30 根/m^3；当雷达波长为 10cm 时，要求箔条云的平均密度为 3 根/m^3。

5.3.2　基于解相遇策略的对反舰导弹的干扰方法

根据前面分析可知，任何体制雷达的电磁波通过箔条云时，由于箔条的散射作用而使它受到衰减，从而减小雷达作用距离。那么对于反舰导弹的末制导雷达同样会因受到箔条云的遮挡而减小作用距离。通过炮射箔条干扰弹具有远距离、快速、精确布放的特点，在导弹预计飞行路线前方（如导弹与打击目标的连线）不断布放箔条云（见图 5.8），利用箔条云对电磁波的衰减特性减小导弹末制导雷达的探测距离，使在较长的一段时间，原本已在导弹探测范围内的目标因导弹探测距离的衰减而不被发现（转为重新搜索），从而使导弹丢失目标，为其他导弹防御武器赢得对抗时间。基于该思想提出基于解相遇策略的炮射箔条干扰弹对反舰导弹的干扰方法。

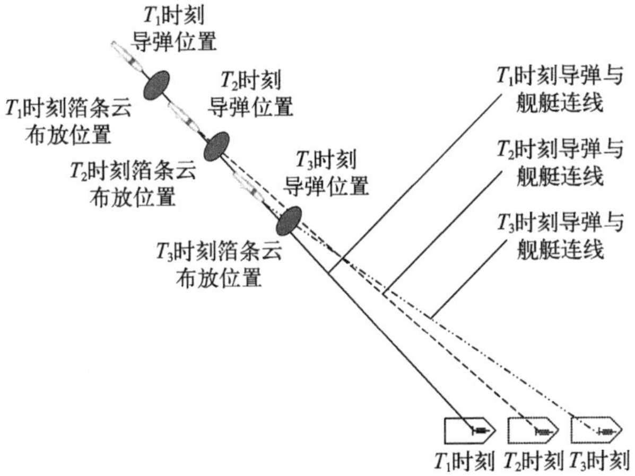

图 5.8　解相遇策略的箔条布放示意图

导弹末制导雷达在搜索和跟踪目标搜索扇面一般为 ±20° ~ ±50°，距离搜索范围一般为 15 ~60km。根据前面分析可知，如果将箔条云布放到离导弹末制导雷达导引头某一距离的整个搜索扇面内，且箔条云的空间分布密度达到一定值，则可使导弹的弹载雷达在整个搜索和跟踪范围内的有效作用距离减小，如图 5.9 所示。

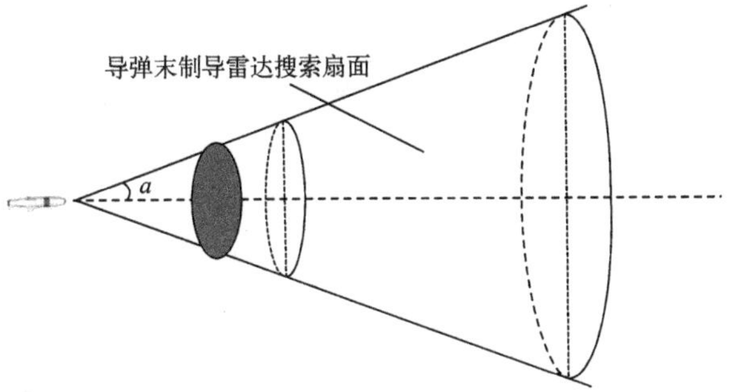

图 5.9　箔条云布满导弹末制导雷达整个搜索扇面

根据几何原理，从垂直导弹轴线的纵向剖面看，要实现遮挡住导弹末制导雷达整个搜索扇面或者一个波束宽度，越靠近导弹，需要遮挡的面积越小；反之则越大，对箔条云的空间分布特性和箔条量也大大地提高了要求。同时由于导弹的速度大（一般在0.8Ma以上），如果箔条云离导弹距离过近，导弹很快将穿过箔条云，要实现实时的遮挡效果需在导弹穿过箔条云前得到迅速的补充，这样对箔条云布放的快速性要求就大大提高了。因此，箔条云需布放在距离导弹一个合适的距离上，一方面可以用较小的箔条量即可实现遮挡效果，另一方面导弹需飞行一段时间才能穿过箔条云，为后续箔条云补充布放争取时间。

考虑到导弹的飞行速度快，而舰艇的运动速度相对较慢（一般不超过30kn），从舰艇进入导弹弹载雷达（末制导雷达）的搜索扇面后，到接近舰艇的时间内，舰艇所具有的机动能力有限，在利用解相遇策略的箔条干扰方法时，无须将导弹末制导雷达的整个搜索扇面全部遮挡，只需遮挡弹载雷达的一个波束宽度即可实现对舰艇的掩护作用（假设雷达的一个波束宽度为6°，该波束宽度在距导弹20km时对应距离为2091m、在距离10km处时对应距离为1045m、在距离5km处时对应距离为523m，而驱护舰艇长度一般不超过200m，只要遮挡住一个波束宽度即可实现在较短的时间内对舰艇的遮挡），如图5.10所示。

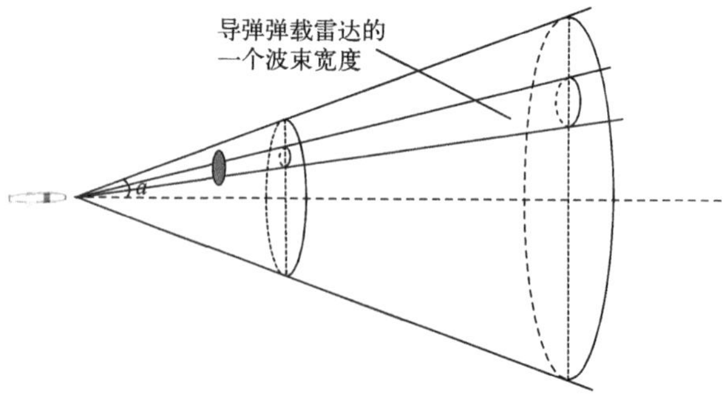

图5.10　箔条云布满导弹弹载雷达的一个波束宽度

要实现上述快速、精确和远距离的箔条云布放，使用常规箔条弹很难实现，通过发射炮射箔条干扰弹可实现箔条云的快速、精确布放，以及满足该方法的布放要求。在布放方法上，采用舰炮使用常规弹种时的解相遇的方法，即舰载雷达搜索并跟踪来袭导弹，获得导弹实时的位置参数和运动要素并预测导弹的运动轨迹、火控系统解算炮射箔条干扰弹与导弹提前相遇点的位置、火炮发射射击诸元和弹丸飞行时间等，最后控制舰炮发射炮射箔条干扰弹，在导弹正前方开舱形成箔条云以实施干扰。

通过舰炮连续布放箔条云，可以在较长的一段时间内使箔条云始终布放在导弹的前方，以实施对导弹末制导雷达的干扰。

5.3.3　基于解相遇策略的干扰样式仿真分析

假设箔条丝直径为 20μm，密度为 2.65g/m^3，选取的箔条长度为雷达半波长；导弹末制导雷达的波长分别为 10cm、3cm 和 8mm，单个波束宽度为 6°；同时，为简化仿真过程，暂不考虑箔条的利用率问题。下面根据本节介绍的箔条云布放方法，结合箔条云对雷达的遮挡效果，通过 MATLAB 仿真的计算，分析对不同波长的导弹末制导雷达遮挡的干扰效果和所需箔条量。

首先，根据空间关系计算为达到遮挡效果对箔条云空间分布的要求。假设单发炮射箔条干扰弹所形成的箔条云厚度为 30m，导弹末制导雷达单个波束宽度为 6°，有效作用距离为 12nm（约 22km），则当箔条云距离导弹分别为 300m、500m 和 700m，要实现对单个波束的遮挡时，箔条云的半径分别为 31.4m、52.3m 和 73.2m（见图 5.11）。可见箔条云越远离导弹，对其空间尺寸要求越大。根据大中口径舰炮的发射率和掠海飞行反舰导弹的速度可知，布放在距离导弹 500m 处时，即可实现在导弹穿过箔条云前补充上第二发炮射箔条干扰弹，继续保持遮挡效果，故仿真计算时假设箔条云布放在距离导弹 500m 处。由于驱护舰首尾长度一般不超过 200m，在不考虑布放误差的情况下，如果箔条云遮挡住 6°的单个波束宽度，则当导弹飞行到距离舰艇 2km 前，箔条云可以实现对舰艇的遮挡效果。

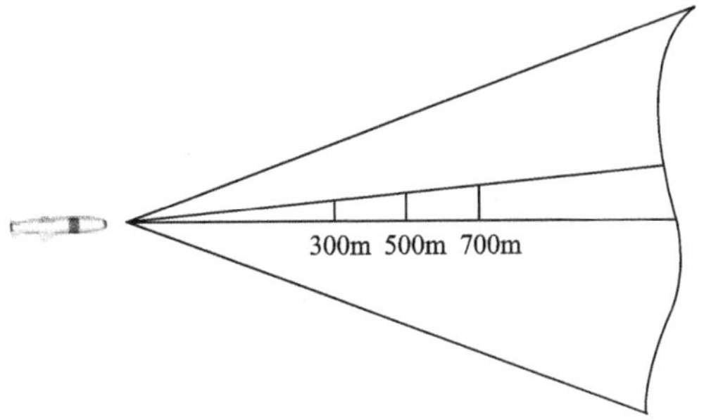

图 5.11　箔条云与导弹末制导雷达的距离示意图

其次，分析箔条云对典型的几种波长导弹末制导雷达要实现不同遮挡效果所需的箔条量。通过 MATLAB 仿真计算，可得到对任意波长雷达实现不同遮挡干扰效果所需的箔条量。以 $\lambda = 3\text{cm}$ 的雷达为例，要使雷达有效作用距离减小 1/2、

1/3、1/4、1/5、1/6、1/7、1/8、1/9、1/10，则相当于箔条云对雷达电磁波分别衰减 12.041dB、19.085dB、24.082dB、27.959dB、31.126dB、33.804dB、36.124dB、38.17dB、40dB。当箔条云厚度为 $x_0 = 30$m 时，则箔条云的衰减系数 β 为 0.2007dB/m、0.3181dB/m、0.4014dB/m、0.466dB/m、0.5188dB/m、0.5634dB/m、0.6021dB/m、0.6362dB/m、0.6667dB/m，要求箔条云的空间密度 $\bar{n}$ 为 306 根/m^3、485 根/m^3、611 根/m^3、710 根/m^3、790 根/m^3、858 根/m^3、917 根/m^3、969 根/m^3、1015 根/m^3，求的总的箔条需求根数为 2.84×10^7 根、4.50×10^7 根、5.68×10^7 根、6.60×10^7 根、7.34×10^7 根、7.98×10^7 根、8.52×10^7 根、9.01×10^7 根、9.44×10^7 根，进一步求得箔条需求总量为 355g、562g、710g、824g、917g、996g、1064g、1125g、1178g。

为进一步分析箔条云对导弹末制导雷达实施遮挡干扰所需的箔条量，可以采用对比的方式对仿真结果进行分析，得到对 3 种波长雷达实现不同遮挡效果所需箔条量对比图（遮挡角度为 6°），如图 5.12 所示。

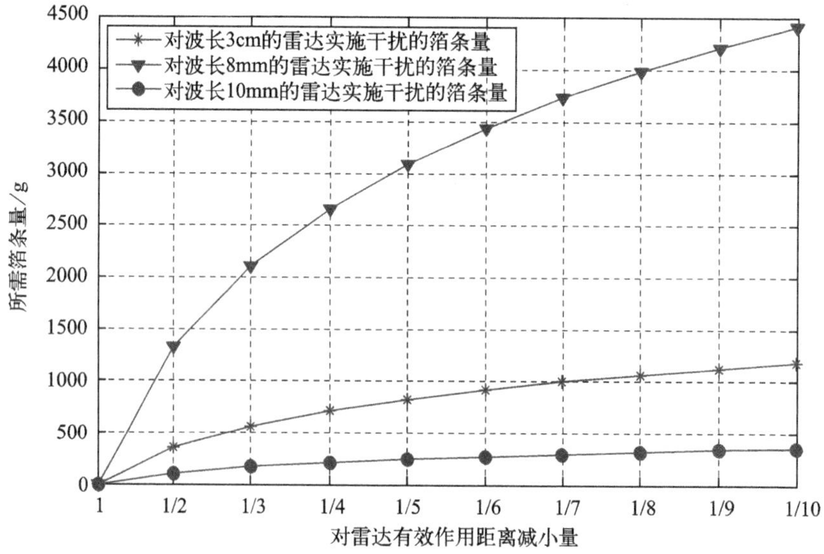

图 5.12　对 3 种波长雷达实现不同遮挡效果所需箔条量对比图（遮挡角度为 6°）

从图 5.12 的仿真计算结果可以看出：

（1）通过基于解相遇的方法在反舰导弹飞行航路前方布放箔条云，可以达到对导弹末制导雷达的遮挡效果，从而减小雷达的有效作用距离。

（2）对于所需求的箔条量，为实现箔条云对导弹相同的遮挡效果（使雷达有效作用距离衰减量相同），导弹末制导雷达波长越短则所需求的箔条量越大。

（3）当导弹末制导雷达为毫米波段时，箔条需求量会随着要实现导弹有效作用距离衰减量的加大而急剧增加。而对于厘米波的导弹末制导雷达，箔条需求量虽然也会随有效作用距离衰减量的增加而增加，但变化趋势相对平稳。

（4）对于厘米波末制导雷达的导弹来说，利用不超过 1kg 的箔条量即可实现对导弹末制导雷达整个单波束范围内较好的遮挡效果，使电磁波能量衰减 24.082dB、有效作用距离衰减至原来的 1/4，使导弹的有效探测距离由 12nm 衰减至 3nm。换句话说就是，可使导弹在距离舰艇 6km 时尚不能准确捕获和跟踪舰艇，为舰艇机动和其他抗击手段赢得宝贵的时间。

（5）对于毫米波末制导雷达的导弹来说，要实现对整个单波束 6°角范围的遮蔽效果，需求的箔条量相对较大。在实现有效作用距离不变的情况下，可通过适当减小遮挡角度的方式来减小对箔条的需求量，仿真结果如图 5.13 所示。对于 8mm 波末制导雷达，随着所要遮挡角度的减小，相同箔条量可实现的遮蔽效果趋好，当遮挡角度要求减小到 3°时（导弹距离舰艇 6km 前可实现对舰艇的遮挡），相同箔条量所能实现的遮挡效果与末制导雷达波长为 3cm 时相当。

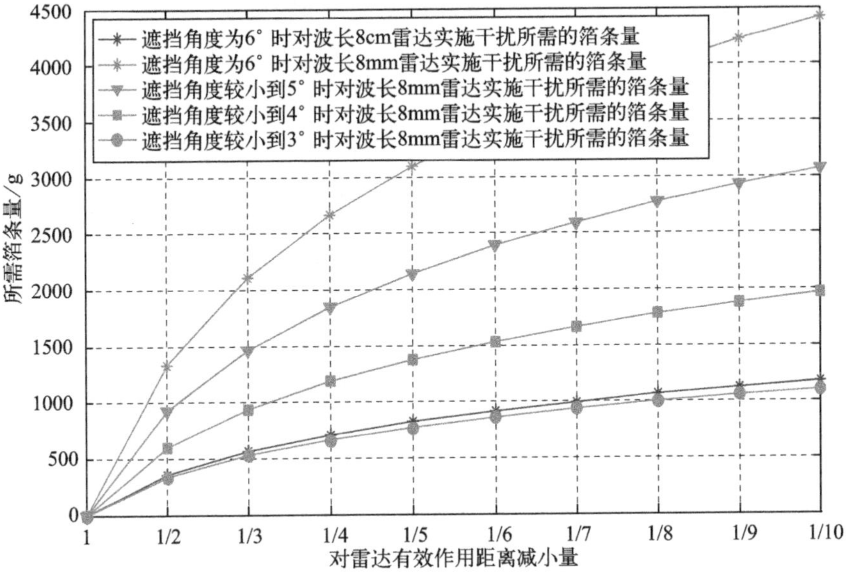

图 5.13 通过减小遮挡角度的方式对 8mm 波长导弹末制导雷达干扰所需的箔条量

5.4 炮射箔条干扰弹的箔条云幕墙遮挡式干扰样式

根据前面分析可知，在具体实施基于解相遇策略干扰反舰导弹方法时，箔条云距离导弹近（500～1000m），同时导弹的飞行速度又高（0.8～3Ma），则需要在导弹穿过箔条云前不断地进行补充射击，这对舰炮的发射速度和精度提出了较高的要求，对于发射率和精度均较高的较新型中大口径舰炮来说可以较好地实施该干扰样式，但对于老式舰炮来说，实施该干扰样式时能力略显得不足，可见其通用性有待提高。因此，本节介绍一种通用性更强的干扰样式——基于箔条云幕墙遮挡式干扰反舰导弹的新方法。

5.4.1 箔条云幕墙遮挡式干扰反舰导弹方法

根据国内外导弹导引头性能分析可知，导弹末制导雷达搜索扇面一般在±15°～±45°，搜索距离一般在15～40km。如果将箔条云布放到距离导弹末制导雷达某一距离的整个搜索扇面内，而且箔条云的空间分布密度达到一定值，则可使导弹弹载雷达在整个搜索和跟踪范围内有效作用距离减小，如图5.14所示。

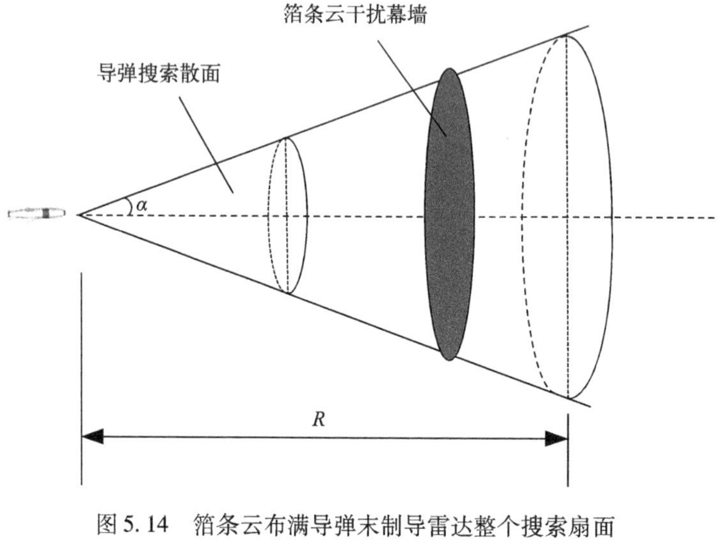

图5.14 箔条云布满导弹末制导雷达整个搜索扇面

“炮射箔条干扰弹基于解相遇策略的干扰样式”即是在该思想基础上提出的，其方法是将炮射箔条干扰弹布放到距导弹末制导雷达较近的位置上，且仅遮挡住末制导雷达的一个波束宽度，其优点是仅需少量的箔条（单发或一个齐射2发的炮射箔条干扰弹）即可达到对导弹末制导雷达的遮蔽效果，实现箔条对反舰导弹的中远程对抗；但该方法对炮射箔条干扰弹布放的快速性和位置的精确性要求较高，随之而来的是对舰炮的发射率和射击精度也提出了较高的要求，考虑到舰炮平台的新老共存性问题，在具体实现时存在一定的使用局限性。

但中大口径舰炮普遍具有的持续作战能力强、反应时间短、作战范围大、发射率较高的优点，可于较短时间内在适当的距离和合适的方向上完成大量炮射箔条干扰弹的连续布放。根据中大口径舰炮的上述优点，可提出一种大多数中大口径舰炮均能满足箔条布放要求的、通用性较强的新的干扰样式——箔条云幕墙遮挡式干扰。

所谓“箔条云幕墙遮挡式干扰”，即为选择适当的时机，利用中大口径舰炮连续射击的方式在来袭导弹和本舰（编队）之间某一适当的距离上，大量布放炮射箔条干扰弹以形成一个具有一定长度、高度和厚度的箔条云干扰幕墙，实现对导弹末制导雷达整个或大部分搜索扇面的遮挡，利用箔条云干扰幕墙对来袭导弹末制导雷达的衰减效应，使导弹的有效探测距离大大减小，从而使敌方来袭导弹穿过箔条云幕墙前较长的一段时间内无法发现躲在箔条云幕墙后的我方舰艇，为其他舰载反导软硬武器赢得宝贵的对抗时间。其布放示意图如图 5. 15 所示。

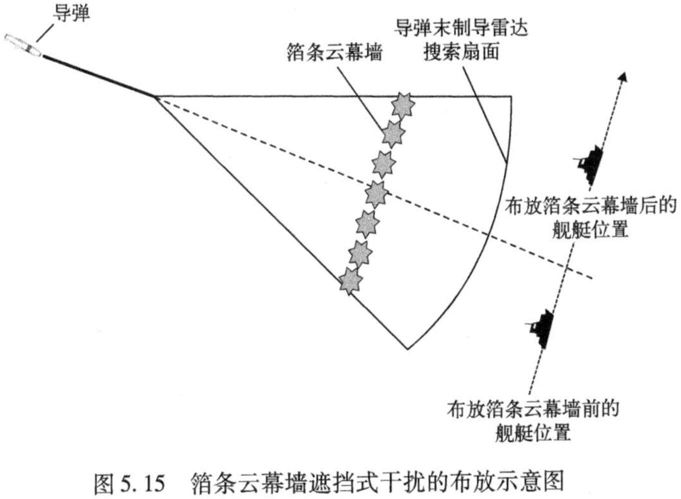

图 5. 15　箔条云幕墙遮挡式干扰的布放示意图

考虑到要对导弹末制导雷达整个或较大部分搜索扇面进行遮挡，仅靠1发或2发炮射箔条干扰弹是无法实现的，需要一次性布放多发炮射箔条干扰弹以形成具有一定长度的箔条云幕墙才能实现。对比图5.9和图5.14可知，虽然都在导弹末制导雷达的搜索跟踪波门内，但采用箔条云幕墙遮挡式干扰时，箔条云的位置距离导弹较远，导弹需要较长的时间才能穿过箔条云，为连续布放形成箔条云幕墙创造了条件。

下面，我们来讨论利用炮射箔条干扰弹连续发射方式布放形成箔条云幕墙的方法及其可行性。一般来说，舰炮连射时发与发之间有一定的射击间隔，以“奥托”127mm口径舰炮为例，理论发射率为40～50发/min，为确保连射的可靠性，射击间隔稍长。当舰艇或舰艇编队具有空中预警或远程目标指示时，具有早期预警能力，发现来袭导弹的距离一般在50km以上，此时使用炮射箔条干扰弹进行箔条云幕墙遮挡式干扰的时间比较充裕。若导弹亚声速飞行，则在命中舰艇前还将飞行160s以上，利用舰炮发射炮射箔条干扰弹在距离舰艇3～10km处形成箔条云幕墙为例，理论上可完成100多发炮射箔条干扰弹的发射，综合考虑箔条云幕墙与舰艇的距离和弹丸空中飞行时间等因素，在导弹穿过箔条云幕墙前可发射60多发炮射箔条干扰弹，即使导弹以2倍声速飞行，在导弹穿过箔条云前亦可完成40发以上炮射箔条干扰弹的发射。当舰艇是小编队或者单舰遂行作战任务时，依靠我舰雷达和舰载侦察告警装置对来袭导弹的有效探测距离一般在20～40km，此时使用炮射箔条干扰弹进行箔条云幕墙遮挡式干扰的时间相对紧张。以发现导弹距离我舰30km为例，可适当减小箔条云幕墙距离我舰的距离，当来袭导弹亚声速飞行时，在命中舰艇前还将继续飞行100s。综合考虑箔条云幕墙与舰艇的距离和弹丸空中飞行时间等因素，在导弹穿过箔条云幕墙前可发射50多发炮射箔条干扰弹；当导弹以2倍声速飞行时，在导弹穿过箔条云前可完成20多发炮射箔条干扰弹的发射。来袭导弹距离与炮射箔条干扰弹最多可布放的数量关系如表5.2所示。

因此，通过舰炮连续射击的方式，在来袭导弹和舰艇之间某一适当位置上大量发射炮射箔条干扰弹形成箔条云幕墙对来袭导弹实施无源干扰是可行的。

表 5.2　来袭导弹距离与炮射箔条干扰弹最多可布放的数量关系

序号	开始布放时导弹与箔条云幕墙的距离	导弹飞行速度	导弹命中舰艇前的飞行时间	命中舰艇前可发射炮射箔条干扰弹的数量	实际可布放炮射箔条干扰弹的数量(10～15发为一组)	备注
1	50km	亚声速	166s	110 发	8～10 组	① 以“奥托”127mm 舰炮，高射速 40 发每分钟为例； ② 箔条云幕墙距离我舰 3～10km 为宜，根据反应时间适当调整； ③ 炮射箔条干扰弹在空中飞行时间约 3～18s； ④ 为达到箔条云幕墙的遮挡效果，一般来说需要一次性布放 10～15发炮射箔条干扰弹； ⑤ 实际可布放箔条干扰弹的数量为综合考虑箔条云幕墙距离我舰有一定距离和开舱前弹丸飞行时间等因素后的可布放数量
2	40km		133s	88 发	6～8 组	
3	30km		100s	66 发	4～6 组	
4	20km		66s	44 发	3～4 组	
5	10km		33s	22 发	1～2 组	
6	50km	2 倍声速	83s	55 发	4～5 组	
7	40km		66s	44 发	3～4 组	
8	30km		50s	33 发	2～3 组	
9	20km		33s	22 发	1～2 组	
10	10km		16s	10 发	1 组	

5.4.2　箔条云幕墙遮挡式干扰样式仿真分析

箔条云幕墙对雷达作用距离减小程度将由箔条云幕墙对其发射电磁波的衰减情况决定，而箔条云幕墙对雷达电磁波的衰减情况又由雷达工作波长、箔条云幕墙的厚度和空间密度决定。因此，根据箔条云幕墙的厚度、空间分布密度和雷达的工作波长，可求出受箔条云幕墙的遮挡式干扰而使雷达有效作用距离减小的情况。

假设箔条丝直径为 20μm，密度为 $2.65g/cm^3$，选取的箔条长度为雷达半波长；雷达的波长分别为 3cm、2cm 和 8mm，搜索扇面为 ±30°；同时为简化仿真过程，暂不考虑箔条的利用率问题。下面根据箔条云幕墙布放方法，结合箔条云幕墙的干扰原理，通过仿真计算，分析箔条云幕墙对导弹末制导雷达的干扰效果和所需箔条量，并以此为基础分析炮射箔条干扰弹合理的一次布放发数问题。

首先，分析箔条云幕墙的布放距离要求。一般来说，导弹导引头开机距离为 10～20km（具有二次开机功能的导弹导引头，其二次开机距离亦为 10～20km），因此，实施箔条云幕墙遮挡式干扰时，箔条云幕墙距离被保护舰艇的距离应不超过 10km，一般在 3～10km 为宜。

其次，分析箔条云幕墙和空间尺寸要求。当舰艇或舰艇编队具有空中预警或远程目标指示的情况下，防御时间相对较为充足，可以提前布放较大空间尺寸（高度和长度）的箔条云幕墙，确保舰艇机动时不会冲出箔条云幕墙的遮挡区域。在依靠本舰雷达侦察告警装置和雷达探测的情况下，防御的反应时间相对较短，宜实施箔条云幕墙遮挡式干扰；当箔条云幕墙形成时来袭导弹距离我舰一般不大于30km，导弹穿过箔条云幕墙前的飞行时间将不超过100s。考虑到舰艇抗导期间防空导弹武器系统搜索、捕获和稳定跟踪的需要及舰艇加速、转向机动等因素，舰艇在此期间的直线速度一般不会超过20节，因此在此期间舰艇的直线运动距离一般不超过1000m，而且舰艇长度一般不会超过200m。根据几何原理分析可知，如合理布放炮射箔条干扰弹，则1500m长的箔条云幕墙足以实现对舰艇的遮挡。同时反舰导弹的巡航高度一般在20～30m，具有二次开机功能的导弹在第一次爬升开机搜索时爬升高度亦在100m左右，故综合考虑箔条云幕墙导弹遮挡的要求和箔条留空时间等因素，箔条云幕墙离海平面高150m即可满足遮挡要求。

在进行仿真计算时，假设发现来袭导弹距离我舰30km，水面舰艇在距离我舰8km处布放箔条云幕墙，幕墙长1500m、高150m、厚100m，箔条云幕墙即可实现在舰艇机动的情况下对我舰的完全遮挡。

接下来进一步分析在所假设的1500m×150m×100m的箔条云幕墙空间内布放不同数量炮射箔条干扰弹对来袭导弹末制导雷达有效作用距离较小效果的影响。根据箔条对雷达电磁波衰减原理，通过MATLAB仿真计算，可得到不同数量的炮射箔条干扰弹对任意波长雷达有效作用距离减小情况的影响。以波长$\lambda=3$cm的导弹末制导雷达为例，在上述箔条云幕墙预定布设区域内均匀布放1发、2发、3发、4发、5发、6发、7发、8发、9发、10发、11发、12发、13发、14发、15发、16发、17发、18发、19发、20发炮射箔条干扰弹，可使末制导雷达的有效作用距离减小10/12、10/16、10/21、10/27、10/34、10/44、10/57、10/72、10/93、10/119、10/153、10/196、10/251、10/321、10/412、10/527、10/676、10/866、10/1109、10/1421。同理可计算任意波长雷达受箔条云幕墙遮挡后的影响。图5.16给出了雷达波长分别为3cm、2cm和8mm时，在预定箔条云幕墙区域内布放不同数量炮射箔条干扰弹，对雷达有效作用距离的归一化曲线。

由图5.16的仿真计算结果可以看出：

（1）通过多发连续发射方式在来袭导弹和被保护舰艇间布放箔条云幕墙，可以较好地实现对雷达电磁波的衰减，从而减小末制导雷达的有效探测距离，以达到对舰艇的遮挡效果。

（2）对各种波长的导弹末制导雷达，其有效作用距离均随着所布放的炮射箔条干扰弹数量的增加而减小。即为提高箔条云幕墙对来袭导弹的干扰效果，应在条件允许的情况下，尽可能在箔条云幕墙区域内多布放些炮射箔条干扰弹。

（3）为达到对导弹末制导雷达相同的干扰效果，不同波长的雷达所需的炮射箔条干扰弹数量不同，雷达波长越短所需的炮射箔条干扰弹数量越大。如为使导弹末制导雷达的有效作用距离减小到原先的 1/3 时，对于波长为 3cm 的末制导雷达来说仅需布放炮射箔条干扰弹 4 ~ 5 发，对于波长为 2cm 的末制导雷达需要布放 6 ~ 7 发，而对于波长为 8mm 的末制导雷达则需要布放 16 ~ 18 发。

（4）对于厘米波的导弹末制导雷达来说，5 发炮射箔条干扰弹所形成的箔条云幕墙即可使其有效作用距离减至原先的 50%，10 发炮射箔条干扰弹所形成的箔条云幕墙则可使其有效作用距离减至原先的 20% 以下。而对于毫米波末制导雷达来说，10 发炮射箔条干扰弹所形成的箔条云幕墙可使雷达有效作用距离减小不到 50%，15 发炮射箔条干扰弹所形成的箔条云幕墙可使雷达有效作用距离减至原先的 40%，20 发炮射箔条干扰弹所形成的箔条云幕墙可使雷达有效作用距离减至原先的 26%。为使箔条云幕墙能更好地实现对来袭导弹的干扰，在实施箔条云幕墙遮挡式干扰时，在条件允许的情况下可以选择一次性布放 10 发以上的炮射箔条干扰弹。对于对付毫米波导引头的导弹，需要布放的数量则更多。

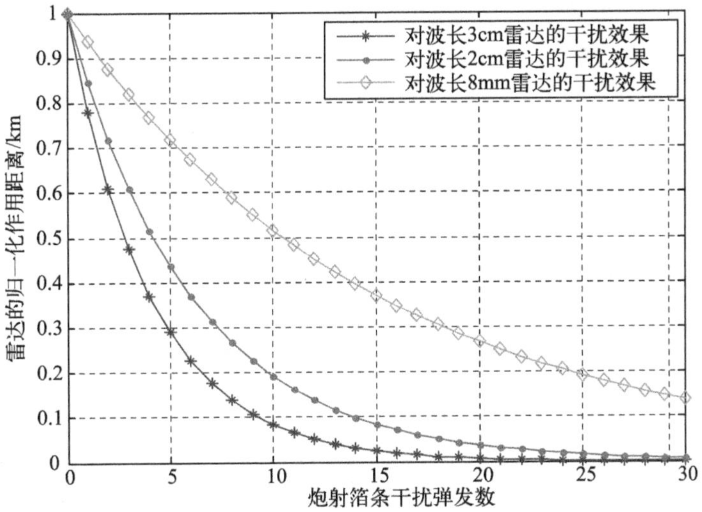

图 5.16　雷达的有效作用距离随炮射箔条干扰弹发数变化情况图

另外，箔条云幕墙遮挡式干扰还可以扩展应用到对岸攻击或对岛作战时的掩护使用。在海上集群或编队对岸（岛）攻击时，根据炮射箔条干扰弹射程远、可连续布放等特点，可集中一定数量的舰艇，利用其中大口径舰炮在短时间内完成大量炮射箔条干扰弹的发射，形成大量箔条云假目标或在距离海上集群或编队与敌岸上防御阵地之间形成箔条云幕墙。所形成的箔条云幕墙可衰减敌方岸基雷达发射的电磁波，从而大大降低其有效作用距离和探测精度；所形成的大量箔条云假目标，用以欺骗或迷惑，影响敌方指挥员的决策时间或导致打击火力分散；而且中大口径舰炮射程远，可在相对安全的较远距离上布放箔条云，大大降低了布放平台的危险。

5.5 炮射箔条干扰弹的其他干扰样式初探

5.5.1 炮射箔条干扰弹对预警体系的干扰样式

对预警体系干扰的基本思想：利用炮射箔条干扰弹可高空布放（如“奥托”127mm 舰炮最大弹道高在 10000m 以上）、留空时间长的优点，在高空布放多个箔条云假目标，以增加敌预警机雷达操作手的目标检测、航迹起始、航迹管理等难度，从而起到干扰敌方预警体系的目的，如图 5.17 所示。

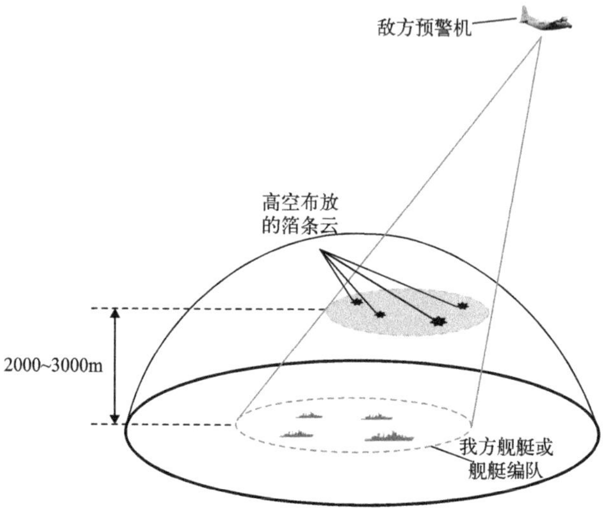

图 5.17　干扰预警体系作战示意图

初步设想是通过调高舰炮射角，在距离舰艇编队 2000 ~ 3000m 的高空布放箔条云团，利用箔条云在高空布放后留空时间长的特点，形成一个较长时间内相对稳定的假目标。而敌方预警机一般在我方防御圈外围高空飞行，在对战场环境进行监测时，高空布放的箔条云假目标会被敌预警机雷达扫描到并被作为一个新目标，新目标出现初始需要雷达操作手进行初始处理，包括目标识别、航迹起始、航迹关联等过程，然后让其转入雷达自动跟踪状态。而每个雷达操作手能够处理的目标数量有限，通过不断地往高空布放箔条云的方式形成多个假目标，以增加敌方预警机雷达操作手进行目标检测、航迹起始、航迹管理等的难度，分散其对真实目标的关注度，从而起到干扰敌方预警体系的目的。

5.5.2　炮射箔条干扰弹模拟运动舰艇的干扰样式

模拟运动舰艇的干扰样式的基本思想：利用炮射箔条干扰弹具有的射程远且可控、布放精度高、可连续布放等特点，利用箔条云团作为舰艇假目标，在来袭导弹和舰艇之间先后布放多组大小适宜箔条云团；以前一时刻箔条云团的逐渐消失和下一时刻新箔条云团的出现，模拟舰艇的运动；在具体实施过程中，箔条云团的“模拟运动”与舰艇实际运动方向相反，从而起到诱骗来袭导弹的目的，如图 5.18 所示。

初步设想是在敌导弹末制导雷达开机前，利用中大口径舰炮在导弹与被保护舰艇间的较远距离处（5 ~ 10km）布放一定数量的炮射箔条干扰弹用以模拟当前时刻的舰艇，当来袭导弹末制导雷达开机搜索后，该箔条云团可起到迷惑式干扰的作用；根据箔条云稳定后整体下落的特性，通过设定箔条云形成高度的方式控制该箔条云团的留空时间；等该箔条云团消失后，按一定规律（某一直线或曲线方向）在其附近一定距离上重新布放一个新的箔条云团，用以模拟下一时刻的舰艇；以此不断布放箔条云团假目标模拟运动的舰艇，使先后布放的箔条云团在导弹末制导雷达上表现为具有固定回波特性的“运动舰艇目标”，从而起到诱骗的作用。该方法对敌平台雷达同样具有欺骗性，可以作为迷惑式干扰的扩展。

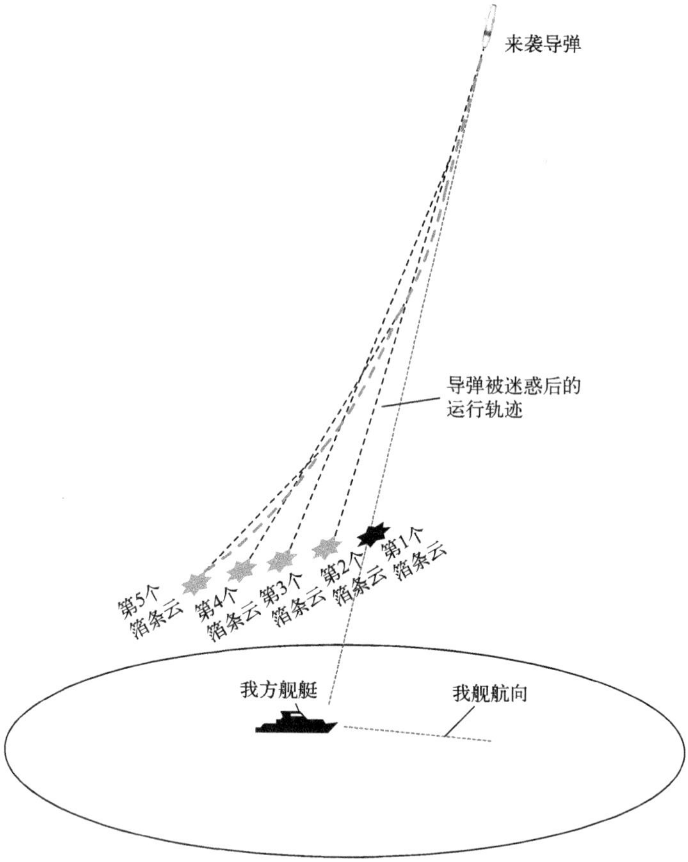

图 5.18　运动目标模拟的作战使用样式示意图

参考文献

[1] 李明权. 反舰导弹 [J]. 现代军事, 1995 (10): 35-37.

[2] Townsend J R. Defense of Naval Task Forces from Anti-Ship Missile. Attack [R]. Mon-terey, California: Naval Postgraduate School, 1999.

[3] Fearnley S L, Meakin E P. EW Against Anti-Ship Missiles [R]. UK: Signal Processing Techniques for Electronic Warfare, IEE Colloquium, 1992.

[4] Williams C A. Electronic Warfare - The Next War [J]. Journal of Electronic Defense, 1995, 18 (1): 10-13.

[5] Curtis S D. Electronic Warfare in Information Age [M]. Norwood: Artech Housr, 1999: 408-409.

[6] Butters B C. Chaff [J]. IEE Proc., Vol. 129, Pt. F June, 1982 (3): 197-201.

[7] 李剑雄. 舰载远程无源干扰发展设想 [J]. 光电对抗与无源干扰, 2000 (1): 15-19.

[8] 王颂康, 朱鹤松. 高新技术弹药 [M]. 北京: 兵器工业出版社, 1997.

[9] 张祥林, 田万倾, 高东华. 国外远程无源干扰装备研究 [J]. 2004, 19 (2): 32-33.

[10] Spezio A E. Electronic Warfare Systems [J]. Microwave Theory and Techniques, 2002, 50 (3): 633-644.

[11] 张土根. 世界舰船电子战系统手册 [M]. 北京: 科学出版社, 2000.

[12] Duncan Lenno. Jane's Radar and Electronic Warfare Systems [R]. Coulsdon: Jane's Year-book, 1994.

[13] Duncan Lenno. Jane's Radar and Electronic Warfare Systems [R]. Coulsdon: Jane's Year-book, 1998.

[14] Duncan Lenno. Jane's Radar and Electronic Warfare Systems [R]. Coulsdon: Jane's Year-book, 1999.

[15] Duncan Lenno. Jane's Radar and Electronic Warfare Systems [R]. Coulsdon: Jane's Year-book, 2000.

[16] Bernard Blake. Jane's Weapon Systems [R]. Coulsdon: Jane's Yearbook, 1989.

[17] Bernard Blake. Jane's Weapon Systems [R]. Coulsdon: Jane's Yearbook, 1997.

[18] Mahaffey M. Electrical Fundamentals of Countermeasure Chaff [M]. The International Countermeasures Handbook, 1976 (77): 512-517.

[19] 季宏."达盖"系列假目标系统 [J].舰船电子对抗，1996 (6)：9－11.
[20] 徐祖祥.五花八门的舰外诱饵 [J].现代舰船，1997 (2)：38－39.
[21] 张国良.俄罗斯现代级驱逐舰及其电子装备 [J].雷达与对抗，1999 (4)：50－51.
[22] 世界舰船电子设备手册编写组.世界舰船电子设备手册 [M].北京：海洋出版社，1987.
[23] 伊柏栋，侯延北.远程无源干扰效能分析及仿真 [J].光电技术应用，2005，20 (1)：27－29，37.
[24] 吕明山，刘冬利.远程无源干扰作战效能研究 [J].海军大连舰艇学院学报，2007，30 (3)：13－16.
[25] 王红军.迷惑式干扰是一种可实现的新的无源干扰手段 [J].海军大连舰艇学院学报，2001，24 (12)：28－29.
[26] 李剑雄，高东华.远程箔条干扰随机过程分析 [J].海军大连舰艇学院学报，2000，23 (1)：60－62.
[27] 丁冠东.美军装备信息化现状及发展 [J].现代电子工程，2005 (3)：1－8.
[28] 郭美芳，陈永新.国外弹药最新发展 [J].弹药信息，2003 (2)：10－15.
[29] 黄晓霞，李荣强，张艳霞.信息化弹药的研究现状及发展建议 [J].兵工自动化，2008，27 (4)：56－58.
[30] 范志锋，许良.信息化弹药的发展及其特点与保障对策 [J].国防技术基础，2010 (9)：31－34.
[31] Army Weapons：Status of the Sense and Destroy Armor System [R].ADA234845，1990.
[32] Garnell P. Guided Weapon Control System [M].England Program，on Press Ltd.，1980.
[33] Development of Insensitive SADRAM Warhead，47th Annual Bomb & Warhead Technical Symposium，Santa Fe [C].New Mexico，1997.
[34] 王阵，刘朝阳，王子龙.信息化弹药特性及其发展建议 [J].价值工程，2012，30 (1)：291－220.
[35] 王保存.外军如何建设信息化武器装备体系 [J].现代军事，2004 (4).
[36] 车华，耿海军.新生代火炮弹药——信息化弹药 [J].现代军事，2001 (4)：35－36.
[37] 世界弹药手册编辑部.世界弹药手册 [M].北京：兵器工业出版社，1990.
[38] 石晨光.舰炮武器原理 [M].北京：国防工业出版社，2014.
[39] 舒长胜，孟庆德.舰炮武器系统应用工程基础 [M].北京：国防工业出版社，2014.
[40] 环球新军事网.英国 MK8 型 114mm 舰炮应用前景 [EB/OL].http：//www. xinjunshi. com/ ziliao/MK8. html.
[41] 童继进，刘忠.基于解相遇策略的箔条防御反舰导弹方法 [J].火力与指挥控制，2014，39 (1)：83－86.
[42] 高乃同，李先荣.自动武器弹药学 [M].北京：国防工业出版社，1990.

[43] 魏惠之．弹丸设计理论［M］．北京：国防工业出版社，1983.
[44] 陆珥．炮兵照明弹设计［M］．北京：国防工业出版社，1978.
[45] 汪建锋，张杰，张毅．高过载条件下弹丸材料所受应力的数值仿真［J］．兵器材料科学与工程，2008，32（1）：31－34.
[46] 杜忠华，黄德武，赵国志．子母弹发射强度的结构有限元计算［J］．弹箭与制导学报，2001，21（1）：35－38.
[47] 侯振宁．箔条干扰技术研究［J］．舰船电子对抗，2002，25（4）：7－10.
[48] 高伟亮，姜永华，凌祥．新型箔条干扰材料的最新进展［J］．飞航导弹，2004（9）：33－35.
[49] Wu Xianli，Qi Zizhong，Long Teng. Research on Application of Chaff［C］. IEEE the 8th International Conference of Signal Processing，2006.
[50] Mitchell PK，Short RH. Chaff：Basic Characteristics and Applications Detailed［G］. International Countermeasures Handbook，1980：162－164.
[51] 陈静．雷达箔条干扰原理［M］．北京：国防工业出版社，2007.
[52] 芮筱亭，杨启仁．弹丸发射过程理论［M］．南京：东南大学出版社，1992.
[53] 金志明．枪炮内弹道学［M］．北京：北京理工大学出版社，2004.
[54] 陈祺，谢春雨．引信及其技术的发展［J］．科技资讯，2013（14）：251－252.
[55] 马云富．我国弹药装药装配技术现状及发展对策［J］．兵工自动化，2009，28（9）：1－4.
[56] Bannister K A，Burton L，Drysdale W H. Structural Design Issues for Electromagnetic Projectiles［J］. IEEE Transactions on Magnetics：5th SELT，Gooden，C，E－1991，27（1）：464－469.
[57] 王航宇，王世杰．舰载火控原理［M］．北京：国防工业出版社，2006.
[58] 夏俊生．军用微电子抗高过载技术研究浅述［J］．集成电路通讯，2004，22（3）：18－20.
[59] 李金明，安振涛，丁玉奎．弹药运输环境振动特性研究［J］．包装工程，2005，26（3）：105－107.
[60] 杨榕，徐文峥．弹药侵彻混凝土过载性能的数值模拟［J］．弹箭与制导学报，2009，29（4）：129－132.
[61] Berner C，Fleck V，Warken D. Aerodynamic and Stability Characteristics of Explosively Formed Penetrators，16th International Symposium of Ballistics［C］. San Francisco，USA，1996.
[62] Yang T. Mechanism and Sensitivity of the Deflagration to Detonation Transition in Granular Propellants［J］. Proc. 2nd ISPE，1992：180－183.

[63] 王连荣，张佩勤．火炮内弹道计算手册［M］．北京：国防工业出版社，1987.
[64] 翁春生，王浩．计算内弹道学［M］．北京：国防工业出版社，2006.
[65] 杨绍卿．灵巧弹药工程［M］．北京：国防工业出版社，2010.
[66] 郑平泰，李爱丽．子母弹活塞式抛撒机构单燃烧室与双燃烧室内弹道仿真研究［J］．兵工学报，2001，22（3）：293－297.
[67] 陶如意，王浩，黄蓓．子母弹活塞式抛撒机构空中抛撒模型及仿真研究［J］．兵工学报，2009，30（3）：282－284.
[68] Gough P S，Zwarts F J. Modeling Heterogeneous Two－Phase Reactive Flow［J］. AIAAJ.，1979，17：1725.
[69] 唐明远．特种弹抛射装药设计及内弹道设计［J］．陕西兵工，1987.
[70] 唐明远．后抛式弹丸空中抛射内弹道计算［J］．兵工学报弹箭分册，1987（4）：76－88.
[71] 郑友胜，杨剑影，王良明．子母弹动态抛撒动力学建模及仿真［J］．力学与实践，2010，32（3）：85－88.
[72] 魏惠之，朱鹤松，冯景艳．弹丸在发射条件下的有限元素法弹塑性分析［J］．兵工学报，1980（4）：47－53.
[73] 贾光辉，冯顺山．对弹丸发射强度数值计算结果的分析方法讨论［J］．弹箭与制导学报，2002，22（4）：133－135.
[74] 钱立志，李俊，宁全利．高过载环境下弹载器件结构动态响应研究［J］．科技导报，2011，29（1）：40－43.
[75] 钱立志．弹载任务设备抗高过载方法研究［J］．兵工学报，2007，28（8）：1017－1020.
[76] 钱立志．特种弹技术［M］．北京：解放军出版社，2003.
[77] 李世永，钱立志，王志刚．弹载侦察系统抗过载技术研究［J］．弹道学报，2005，17（3）：31－35.
[78] 李怀建，刘莉．GPS 接收机抗高过载技术研究［J］．北京理工大学学报，2004，24（12）：1033－1036.
[79] 刘莉，林霄映．导引头天线在高过载环境下的动态响应分析［J］．北京理工大学学报，1999，19（2）：224－228.
[80] 张振辉，杨国来，葛建立．末制导炮弹膛内过载影响因素数值分析［J］．四川兵工学报，2012，33（9）：33－35.
[81] John G R. GPS－Guided Shells［EB/OL］. http：//www. iechome. com/news/070099. htm.
[82] C S Desai，J FAbel. Introducation to the Finite Element Method［J］. Van Nostrand Reinhold Co. New York，1972.
[83] 王新建，蒋浩征．子母弹战斗部抛散装置内弹道参数研究［J］．北京理工大学学报，

1994 (4): 378 - 384.
[84] Tan D. C. Cluster Warhead Dispersing Technique and Its Interior Ballistic Calculation [J]. Journal of Beijing Insititute of Technology, 2000, Vol. 9: 273 - 277.
[85] Tanner M. Empirical Formulas for the Base Pressure of Missile Bodies with a Central with a Central Propulsive Jet [R]. ESA - TT - 1046, 1987.
[86] Blaek S. Aerodynamic Development of a Spinning Submunition Dispenser [R]. AlAA83 - 2082, 1983.
[87] 陈少松，丁则胜．旋转子母弹后抛撒风洞试验研究［J］．流体力学实验与测量，2004，18（2）．
[88] 郑荣跃，秦子增．子母弹研究进展［J］．国防科技大学学报，1996，18（1）：60 - 64.
[89] 张本，陆军．子母弹抛撒技术综述［J］．四川兵工学报，2006（3）：26 - 29.
[90] 王浩．子母弹内燃式气囊抛撒模型及计算机仿真［J］．兵工学报，2001，22（2）：178 - 181.
[91] 张珂．子母弹抛撒技术研究［D］．南京：南京理工大学，2012.
[92] 黄蓓，王浩，陶如意．带导向管的子母弹活塞式抛撒弹道建模及数值仿真［J］．兵工学报，2009，30（12）：1854 - 1890.
[93] 唐毓燕，杜嘉聪．毫米波箔条弹的快速散开及其时频特性［J］．桂林电子工业学院学报，1999，19（4）：2 - 5.
[94] 陈静．毫米波箔条弹快速散开技术研究［J］．电子对抗信息技术，1992（6）：41 - 46.
[95] Vaughan SF. Meeting the mm - threat with Chaff [J]. Journal of Electronic Defense, April, 1986: 79 - 88.
[96] 陈静．雷诺（Reynolds）数及其应用［J］．光电对抗与无源干扰，1996（3）：16 - 18.
[97] 童继进，刘忠，毛超．基于高速旋转飞行器的箔条抛撒运动特性［J］．海军工程大学学报，2013，25（5）：83 - 87.
[98] 孙新利，蔡星会，王少龙，等．子母弹静态开舱抛射实验［J］．兵工学报，2002，23（2）：258 - 260.
[99] ［美］A. H. 夏皮罗．形与流［M］．北京：科学出版社，1979.
[100] 韩朝，赵志国，杨志强，等．箔条抛撒运动特性研究［J］．火工品，2005（1）：6 - 8.
[101] Puskar R. J. Radar Reflector Studies [J]. Prod. of IEEE 1974 National Aerospace and Electronics Conference, 1974 (5): 177 - 183.
[102] Estes W J, Flake R H, Pinson C C. Spectral Characteristics of Radar Echoes From Aircraft - Dispensed Chaff [J]. IEEE Trans on AES, 1985: 8 - 19.
[103] Fray B S, Richard P. Simulation of Chaff Cloud Signature [R]. USA: Air Force Institute of Technology, 1986.

[104] Crispin JW. Maffett AL. Radar Cross Section Estimation for Simple Shapes [J]. PIEEE, August, 1965: 833-848.

[105] Borison S. L. Statistics of the Radar Cross Section of a Volume of Chaff [A]. Group Report, 1965, 2 (10).

[106] Ioannidis GA. Model for Spectral and Polarization Characteristics of Chaff [J]. IEEE Trans, Vol AES-15, September, 1979 (5): 723-726.

[107] JackHahn, JohnHershey E, Harvey. Venerable Chaff - take A New Look Through an Old Window [J]. Defense Electronics, October, 1984: 87-96.

[108] Wickliff RG, Robert Garbacz J. The Average Backscattering Cross Section of Clouds of Randomized Resonant Dipoles [J]. IEEE Trans On AP, May 1974: 503-505.

[109] Sherman W. Marcus. Dynamics and Radar Cross Section Density of Chaff Clouds [J]. IEEE Trans On AES, 2004, 40 (1): 93-102.

[110] Bloch F, M Hamermesh, M Phillops. Return Cross Sections from Random Oriented Resonant Half-Wave Length Chaff [A]. Harvard University, Radio Research Laboratory, Technical Memorandum, 411-TM-127. 1944, 6 (19).

[111] 李军. 箔条云 RCS 特性测量方法及其测量精度分析 [J]. 雷达与对抗, 1999 (4): 28-29.

[112] Tong Jijin, Liu Zhong, Mao Chao. Study on Kinematics Characteristic of Chaff Release which Based on Given Carrier Revolving [C]. The International Conference on Mecha- tornic Sciences, Electric Engineering and Computer, Shenyan, 2013: 31-34.

[113] 丁鹭飞, 陈建春. 雷达原理 [M]. 4 版. 北京: 电子工业出版社, 2009.

[114] 李永新, 王正林, 李鸣, 等. RCS 测量雷达定标误差分析 [J]. 舰船电子对抗, 2007, 30 (2): 63-67.

[115] 吴鹏飞, 许小剑. 地面平面场 RCS 测量异地定标误差分析 [J]. 雷达学报, 2012, 1 (1): 58-62.

[116] Seltzer J E. Response of Airborne - Short Pulse Radar to Chaff [A]. AD744776, 1972 (4).

[117] 季节, 徐云剑. 世界机载雷达手册 [M]. 北京: 航空工业出版社, 1989.

[118] 罗乖林, 徐胜, 王宇. 预警机技术运用与发展 [J]. 航空制造技术, 2004 (10): 37-39.

[119] 周义, 卫东红, 崔东杰, 等. 台湾三军反舰导弹揭秘 [J]. 飞航导弹, 2005 (2): 11-12.

[120] 韩伟, 肖昌达. 冲淡干扰使用方法 [J]. 舰船电子对抗, 2008, 31 (1): 47-49.

[121] 张洪涛, 赵荣. 质心干扰对抗现代反舰导弹的一种改进方法探讨 [J]. 航天电子对抗, 2004 (4): 57-59.

[122] Mahaffey M. Electrical Fundamentals of Countermeasure Chaff [G]. International Countermeasures Handbook, June 1976: 512 - 517.

[123] Kownacki S. Screening (Shielding) Effect of a Chaff Cloud [J]. IEEE Trans, 1967, (4): 731 - 734.

[124] Mitchell R, Short R. How to Plan a Chaff Corridor [G]. International Countermeasures Handbook, 1979: 383 - 392.

[125] Poulos, Andrianos M. An Anti - Air Warfare Study for a Small Size Navy [R]. Monterey, California: Naval Postgraduate School, 1994.